おもしろサイエンス

酸素の科学

神崎　愷［著］

B&Tブックス
日刊工業新聞社

はじめに

「空気のように……」と言われるように、空気は水と並んで「ありふれたもの」の代表格です。酸素は地球大気の約20％ですが、空気といえばほとんどの場合、大気中の酸素を意味します。日常はほとんど意識することはない酸素ですが、もしこれがなくなったら、現在地上で暮らしている生物のほとんどは生きていけない物質です。また、科学の面から見ても、アリストテレスに代表されるギリシャ哲学では、水、土、火と並んで空気は物質の根源である元素と考えられていました。

　この酸素は、宇宙規模で見ても、水素、ヘリウムに次いで3番目に多い元素で、地球でも最も多い元素の一つです。しかし、我々が実感しているのは大気の20％を占める気体の酸素分子です。これに水素と酸素からできている水を考えても、地球全体の０・０３％しかありません。それでは酸素は一体、地球のどこにあるのでしょうか。

　地球は岩石が主成分である微惑星や小惑星がぶつかり合って生まれたと考えられています。そうです。その岩石はケイ素、マグネシウム、アルミニウムなどの酸化物が主成分で、岩石は酸素の固まりといっても良いでしょう。大気中の酸素と、ごつごつした岩石はあまりにも違いすぎるので、岩石を見て酸素を思い浮かべる人は少ないのではないでしょうか。

　酸素は科学の発展に重要な役割を果たしています。それは、ものが燃える「燃焼」から始まりました。化学史のなかでプルーストやラボアジエなどの間で繰り広げられた燃焼についての激しい論戦は、やがて酸素の発見につながり、さらに「不可分の物質＝元素」という基本的な概念を生んだのです。つまり、酸素は化学という学問分野の原点とも言うべき物質なのです。一方、文明の発展の尺度とも言える金属は金属酸化物として産出します。ここから金属を取り出す過程も学問としての化学に欠かせない存在といえるでしょう。化学の萌芽期から現在の先端技術、生命科学、医療・医学に至るまで酸素は至るところで我々に関わっています。

本書は、「やさしくサイエンスを紹介する」という「おもしろサイエンス」シリーズの意図に沿って執筆したつもりですが、各所に専門分野向けの話題も取り入れています。これは筆者の年代で途絶えてしまいそうな専門分野での話題を後世にも伝えたいため「話の種」として敢えて加えたもので、内容を理解するより「昔そんな話があったのか」程度に読んでいただけたら幸いです。

最後に、本書の企画を立ち上げていただいた日刊工業新聞社出版局書籍編集部の三沢薫氏、森山郁也氏、前書である「おもしろサイエンス　水の科学」を編集していただいて今回も適切なご示唆をいただいた同社の天野慶悟氏に深く感謝の意を表します。

おもしろサイエンス
酸素の科学

目次

第2章 酸素の化学
—酸素は化学の母

第3章 地球と酸素
―地球表面は酸素だらけ

第4章 酸素と金属
―文明は金属とともに

第5章 生命と酸素
—活性酸素は薬か?毒か?

Column

第1章
酸素のふしぎ
―もっと酸素を知ろう

1 地球は「酸素惑星」だ

―原始大気に酸素はなかった

地球と言えば「水」、そして多くの人は地球のことを「水惑星」と呼び、水こそ地球を代表する物質と思っています。それを裏付けるのが海で、宇宙から地球を眺めたとき、他の惑星と大きく異なっているのは表面の約70％を占めている海です。しかし、もう少しよく見ると地球の表面にはうっすらぼやけた大気で覆われているのが分かります。初の宇宙飛行士ガガーリンが言った「地球は青かった」は、多くの人が海の青と説明していますが、実は大気も青色の原因なのです。たとえば、昼間、空を見上げると青く見えますが、この色は何だと思いますか？　また実際、地球を横から見たとき、大気の層は青色に見えるのです。

ところで、地球の表面は大部分海なので水惑星と呼ばれていますが、地球の水は全体の質量に対してわずか０・０３％しか存在していません。つまり、地質学的に地球は水惑星ではなく、水星、金星、火星と並んで「岩石型惑星」と位置づけられています。

一方、太陽系全体を見ると、そこには大量の水が存在しています。75年に1回地球を訪れるハレー彗星も大部分は水（氷）なのです。そして、火星より外側に位置する惑星には地球よりはるかに大量の水が存在しています。天王星や海王星に至っては実に数十％が水でできていると言われています。もちろん、温度は低いので表面に出ている水はほとんど氷ですが。

さて、酸素というと我々はまず、大気の約20％を占めている「気体の酸素」を思い浮かべます。動物の大部分はこの酸素をエネルギーの基として生きています。他の惑星を見てみましょう。太陽系で水が大量にある惑星は他にもたくさんありますが、大気中に酸素をもっている惑星は地球だけです。

太陽系惑星の大気の組成（%）

	金星	地球	火星
大気圧（気圧）	92	1	0.079
窒素（N_2）	3.5	78.1	2.7
酸素（O_2）	―	20.9	―
二酸化炭素（CO_2）	96.5	0.04	95.3
水（H_2O）	―	(2)	―

地球を横から見ると薄く青い大気層がある

この酸素、実は地球上に生まれたシアノバクテリアという生物が作った代物なのです。つまり、生物は酸素を利用しているというより、酸素を生み出した「親」とでも言うべきでしょう。このために、「高等生物がいる惑星」を探すためには「水」ではなく「酸素」を探せば良いという学者もいます。

表は、金星、地球、火星の現在の大気の組成を比で示しています。原始惑星のとき活発であった火山活動のために、何事もなければ二酸化炭素が主成分となりますが、地球の場合はシアノバクテリアの光合成のために二酸化炭素は減少して酸素が増加、そして相対的に窒素ガスが多くなっています。この表を見ても分かるとおり、地球はまさに「酸素惑星」と言って過言ではありません。

さらに酸素は上空で生命を守る重要な役割をもっています。酸素は波長の短い紫外線を吸収してオゾン（O_3）を生成します。そして、そのオゾンはこれより少しエネルギーの低い有害な紫外線を吸収してくれるのです。酸素とオゾンがないと地球上の生物は危険にさらされてしまいます。

2 地球の酸素はどこにある？

—クラーク数のなぞ

大気だけを見ると酸素は21％もあるので、水と同様に地球には酸素がたくさんあるように思えます。しかし、気体の密度は岩石の1000分の1以下で、質量で比べると無視できる量しかありません。また水はH_2Oで示されるので、海の水の中の酸素は質量の比で89％あり、大気中の酸素に比べれば多いように見えます。しかし、水自体の存在量が少ないので、水を考えても酸素の量は地表部分でさえ約6％ぐらいしかありません。

　さて、理科の教科書を見てみましょう。そこには「クラーク数」なるものが載っています。アメリカの地球科学者クラークは海水面を基準として、大気および海面下10マイル（1万6000m）までの元素の割合を、岩石圏（質量比で約93％）、水圏（同じく7％）、気圏（0・03％）の3つの領域における値を合計することで推定しました。

「地殻」の部分は、地球の表面を覆っている「皮」と言っても良いくらい薄いものです。この部分に存在する元素の質量の比（全体を100とする）の上位10種を次頁の表に示します。これをみると、酸素は質量の比で実に50％にも上り、大気と水（海）の酸素を足し合わせても遠く及びません。

　それでは、残りの酸素は一体どこにあるのでしょうか。クラーク数の表を見るとその答が出てきます。

　表の一番右の欄を見て下さい。この欄はクラーク数を原子の数の比に換算したものです。酸素は原子の数の比でも飛び抜けて多いところは変わりません。さて、地球表面で2番目以下の元素は大部分が岩石の成分です。ケイ素やアルミニウムがその代表格です。そして、これらの元素は酸化物、またはそれらの兄弟化合物で

クラーク数の上位10種

順位	元素	元素記号	クラーク数（質量の比）	原子の数の比（酸素を100）
1	酸素	O	49.5	100
2	ケイ素	Si	25.8	29.7
3	アルミニウム	Al	7.56	9.0
4	鉄	Fe	4.7	2.7
5	カルシウム	Ca	3.39	2.7
6	ナトリウム	Na	2.63	3.5
7	カリウム	K	2.4	2.0
8	マグネシウム	Mg	1.93	2.5
9	水素	H	0.83	26.8
10	チタン	Ti	0.46	0.3

ある水酸化物などとして、ほとんどの元素は「酸素と結合して」存在しているのです。化学式で表せば、SiO_2、Al_2O_3、Fe_2O_3、Fe_3O_4、H_2O、……などとして。つまり、地表付近の酸素は酸素単独で存在しているものは少なく、ほとんど全ての酸素がクラーク数の上位を占める元素と結合して存在していたのです。

純粋な形の酸素は気体であり、質量比ではごくわずかしかないにもかかわらず、地球表面にはなぜ酸素が多いかの理由をお分かりいただけたことと思います。

かつてギリシャ哲学では「土、空気、水、火」は四元素と言われていました。しかし、現代を生きる我々は、これら全てに酸素が含まれていることを知っています。つまり酸素は、元素の中の元素と言えるかもしれません。

酸素がどんな元素とも結合しやすいという性質は、この本のタイトルである「酸素の科学」の中心となる話題でもあります。

3 酸素は何とでも結合する
——姿を見せない酸素のふしぎ

クラーク数は物質の量を「質量」で比べています。ここでクラーク数を化学の目で見てみましょう。化学の分野では、物質の量は質量ではなく「原子の数」で決めます。クラーク数は質量の比ですから、これを化学の目で見ることにしましょう。

クラーク数を原子の数の比にするために、それらを原子1個の質量である「原子量」で割ります。これらを、酸素を100とした場合の比に直して、前頁の表の1番右の欄に示しました。原子の数で見ても酸素はダントツに多いことが分かります。そのほか、ケイ素が2番目、宇宙での存在比が圧倒的に多い水素が3番目、4番目にはアルミニウムが多いことが分かります。

酸素は金属元素のほぼ全て、また水素を始めとする非金属元素の大部分も酸素と強く結合します。水素が相手の場合は水ですが、鉄を例にすると、空気中で鉄は錆びて酸化鉄、またそこに水があれば茶褐色の水酸化鉄となって錆びてしまいます。酸素と結合しないで天然に金属単体として産出するのは金や白金などごくわずかな金属しかありません。

酸素が他の物質と結合しやすい性質を現す現象の一つに「燃焼」があります。昔、明かりを灯すとき、ロウソクを使いました。家庭で料理するときにはガスレンジを使います。恐ろしいものには火事があります。これらは「炭素」と「水素」からできている有機物が酸素と結合して二酸化炭素（CO_2）や水（H_2O）を生成する化学反応です。このとき同時に大量の熱エネルギーを放出します。我々にはこれが「炎」となって見えるわけです。

ファラデーがクリスマスレクチャーで取り上げた有名な「ロウソクの科学」の中心的な話題は燃焼という

酸素（O_2）が主役となる化学反応

(1) 水素分子と酸素分子が反応して水分子ができる反応。

$H_2+1/2O_2 \rightarrow H_2O$　　発生する熱：286 kJ

2(H−H)+O−O→2(H O H)　（「へ」の字形分子）

(2) 炭素（固体）が酸素分子（気体）と反応し（燃え）、二酸化炭素（気体）ができる反応。

$C+O_2 \rightarrow CO_2$　　発生する熱：394 kJ

C+O−O→O=C=O（直線的な分子）

炭素の単体は天然にはダイヤモンド、黒鉛、無定型炭素（炭など）として存在する。

(3) メタン（気体：天然ガスの主成分）が燃え、水と二酸化炭素ができる反応。

$CH_4+3O_2 \rightarrow CO_2+2H_2O$　　発生する熱：891 kJ

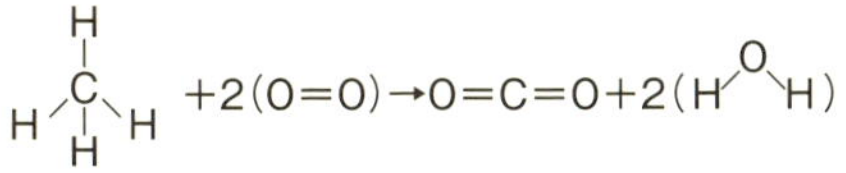

(4) ケイ素（固体）が酸素と結合する反応（炎は出ない）

$Si+O_2 \rightarrow SiO_2$　　発生する熱：911 kJ

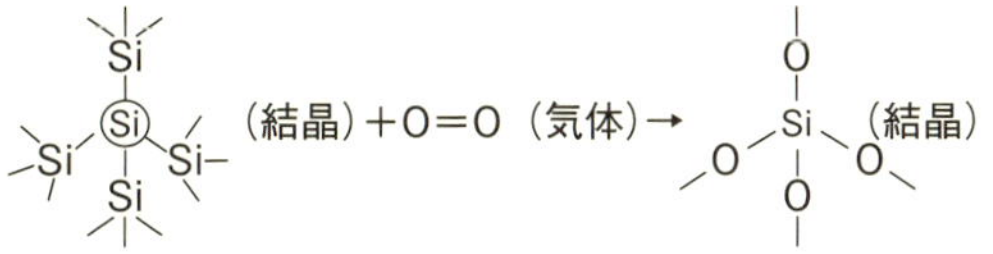

SiO_2は固体で、大きな結晶になると水晶として産出する。また土や岩石の主成分でもある。

(5) アルミニウム（金属、固体）が酸素と反応して酸化される反応（炎は出ない）

$2Al+3O_2 \rightarrow Al_2O_3$　　発生する熱：1,676 kJ

Al_2O_3は固体で、大きな結晶になるとルビーやサファイヤとして産出する。また土や岩石の主成分でもある。粉末は白色でアルミナと言われる。

(6) 金（Au）はなぜ酸素と結合しにくいのか

$2Au+3O_2 \rightarrow 2Au_2O_3$　　吸収する熱：163 kJ

金の酸化物が分解するとき熱を出すから、この反応は左に進みやすく、仮に酸化物ができても金属状態の金に戻ってしまう。

化学反応を題材としています。ここで単体の酸素がいろいろな物質と結合する化学反応を調べてみましょう。

4 大気中の酸素の起源
―大気酸素は全て植物の光合成で生まれた

地球大気の20％を占める気体の酸素（酸素分子：O_2）は太陽系の他の惑星ではほとんど存在していない化学種です。これは水（氷）が他の惑星に大量に存在することと大きく違っている点です。その秘密はどこにあるのでしょうか？

原始地球で陸地と海ができた頃の大気は火山活動で発生した二酸化炭素（CO_2）が大部分を占めていました。そして、酸性だった海にアルカリ性の岩石が溶け出して、海のpH（ドイツ語読みで「ペーハー」、英語読みで「ピーエッチ」）が中性に近くなると、大気中の二酸化炭素は海水に溶け込んで薄くなり、海水は火山活動によって発生した硫化水素（H_2S）、アンモニア（NH_3）が溶け込んだ「還元性雰囲気」でした。このような還元性雰囲気で雷や、そのほか何らかのきっかけで地球上に生物が誕生したと言われています。

そのような生物の中の一つ、シアノバクテリアが大気中の二酸化炭素、海の水、太陽光を使って光合成を始めた結果、大気中に気体の酸素分子が大量に作り出されました。現在ある大気中の酸素の大部分は海のシアノバクテリア、そしてその後、陸に上陸した植物によってさらに増えていきました。

次頁の真ん中の図に地球大気中の酸素濃度の変動を示します。最も高い濃度のときは30％を超えたと考えられています。

下の図で示すように酸素は初め還元性気体（硫化水素H_2S、アンモニアNH_3など）や鉄イオン（Fe^{2+}）などの還元性鉱物によって消費されてしまいましたが、それが治まると大気中に蓄積し始め、現在は光合成による酸素の産生と動植物による酸素の消費でバランスしていると考えられています。このようにして大気中

シアノバクテリアから発生する酸素

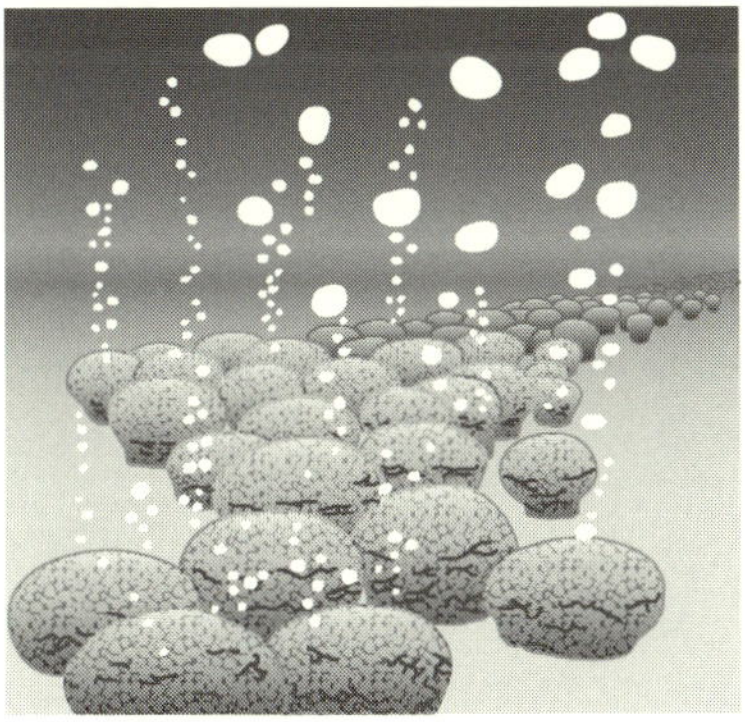

地球大気中の酸素の変遷

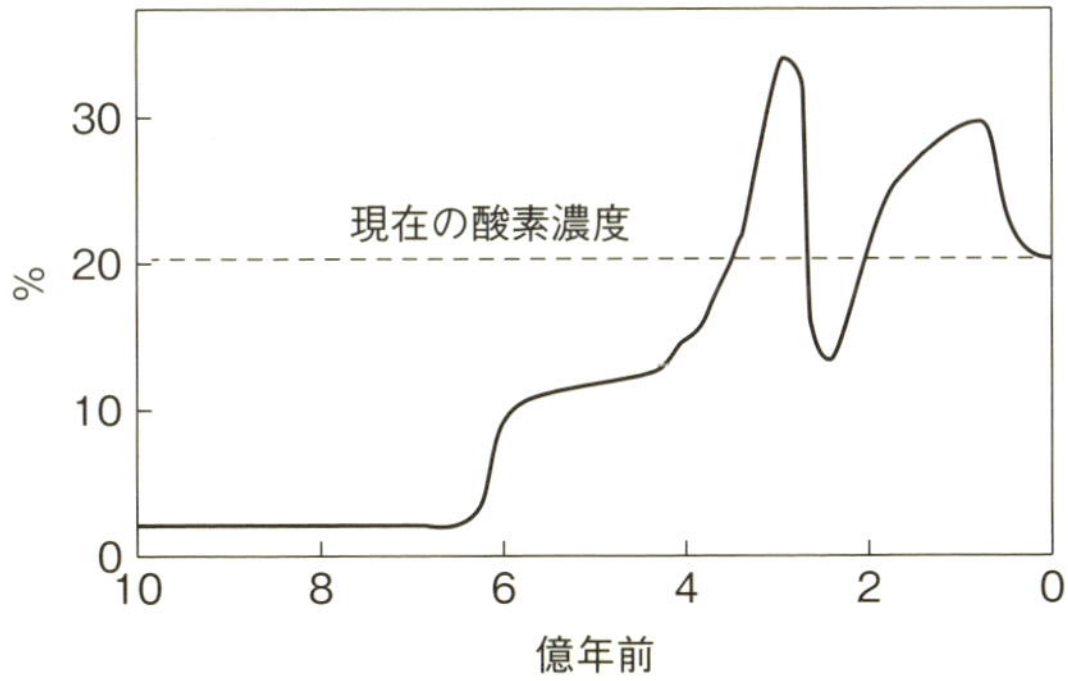

地球上での酸素の循環

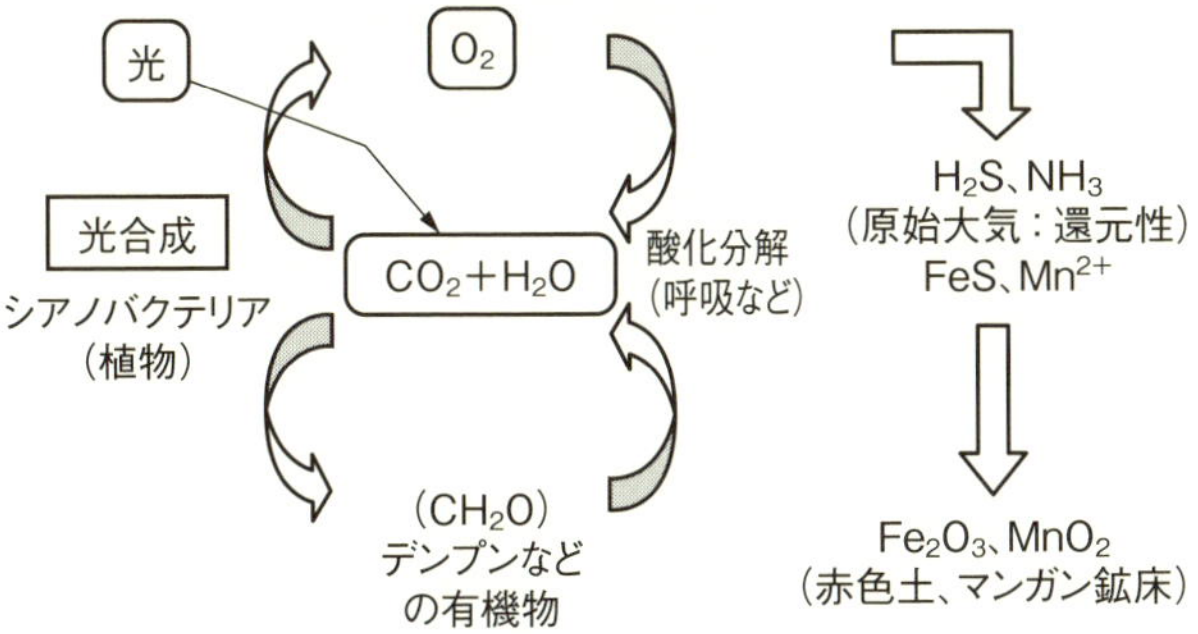

生物の炭素循環系　　　鉱物による酸素消費

に溜まっていった酸素によって地球表面は「酸化性雰囲気」に変わって現在に至っています。

　しかし、この酸素、実は生物にとっては大変危険な物質なのです。

　地上に現れた初期の生物は還元性の硫化水素（H_2S）やアンモニア（NH_3）雰囲気で活動していました。これら酸素が嫌いな生物は「嫌気性生物」と呼ばれています。ところが、大気中の酸素が増えると酸素を利用する生物が地上に現れてきました。現在地球上を支配しているこれらの動植物は「好気性生物」と呼ばれています。

　しかし、酸素が危険な物質であることには変わりなく、危険な酸化性雰囲気を生き延びるために、体内に多様な防御システムを備えています。地球生命の話ではまず「水」が引き合いに出されますが、酸素こそが地球で高等動物を産み出したもとなのです。

　そこで次に、生物の体の中での酸素をのぞいてみましょう。

　植物や動物の本体を形作っている物質の大部分は炭素を骨格とした有機化合物です。そして、酸素は主役ではなく、生命を形作っている物質からみるとどちらかと言えば脇役です。たとえば、人間の体重の半分以上は水であって、生命体は水に浮かんでいるといっても過言ではありません。生命体での酸素の役割、その一つは水素と結合してできている水（H_2O）です。水の質量で酸素が占める割合は89％に上ります。

　好気性に属する生命体にとって酸素が主役になるのは、そのエネルギー源です。光合成で発生した酸素などに起因する酸化的雰囲気で活動している現在の地球上の生物、特に動物は酸素が他の物質と結合するとき発生するエネルギー、つまり炎が出ない燃焼によって生まれるエネルギーを巧みに使って繁栄しているのです。

　我々の血液を見てみましょう。我々が肺で呼吸するとき、酸素は血液の成分であるヘモグロビンと適度な強さで結合します。酸素を取り込んだヘモグロビンは体の隅々まで酸素を届けます。生体内ではアデノシン三リン酸（ＡＴＰ）が生体物質を酸化してエネルギーを生み、自分はアデノシン二リン酸（ＡＤＰ）になり、そしてCO_2などを排出します。酸素は間接的ではありますが、このＡＤＰを元のＡＴＰに戻して生体内にエネルギーを供給し続けます。このようなサイクルは「炎を出さない燃焼」の代表と言えるでしょう。

ちなみに、血液に乗って酸素を運ぶヘモグロビンは分子量は約６万４５００のタンパク質で、酸素分子の分子量32とは比べものにならないくらい巨大分子です。

酸素は、その一角にある活性部位と呼ばれる所に結合して体中に配分されます。それはプロトポルフィリンと呼ばれる環状物質で、ヘモグロビン中に４つあり、中心の鉄イオンが酸素を運ぶ役割を担っています。

生体内でのエネルギーの産生機構

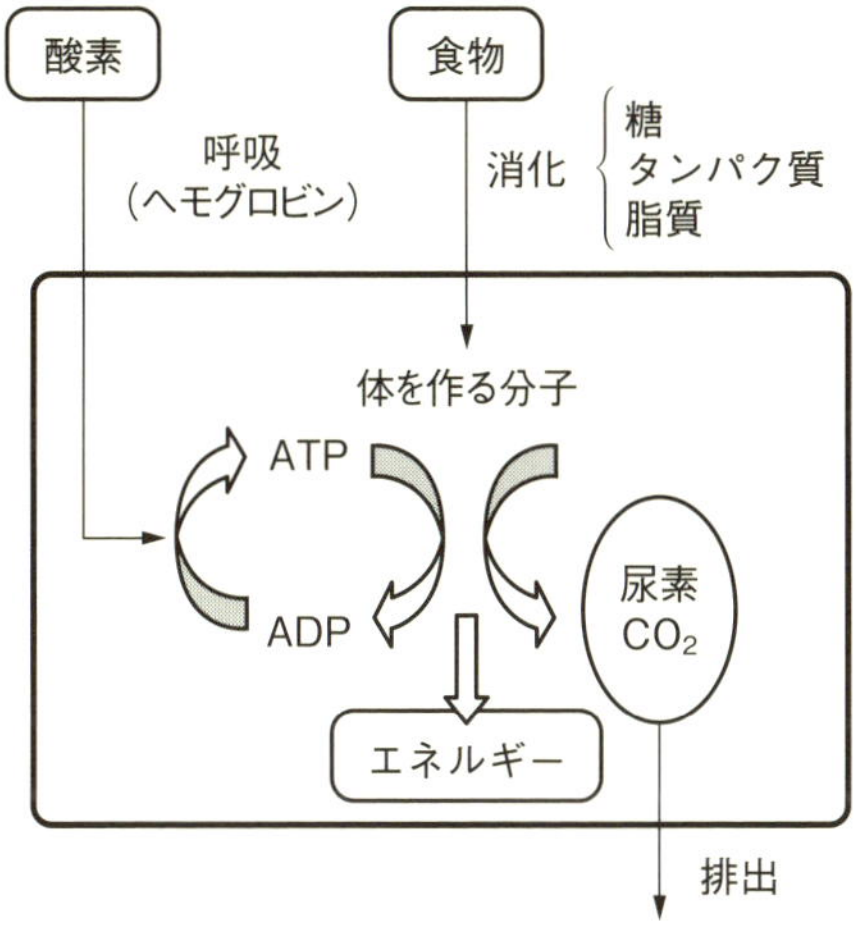

ヘモグロビンの活性部位
プロトポルフィリン

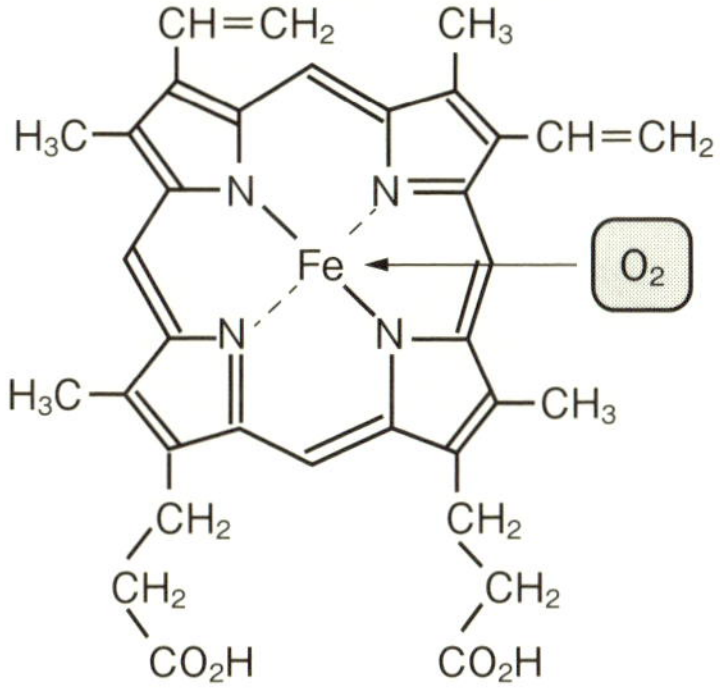

5 「ロウソクの科学」の酸素
―ロウソクの炎はなぜ光り輝くのか

原子説や分子説に基づく化学反応の全容がほぼ確立した19世紀半ば、イギリスの科学者マイケル・ファラデーは「科学」を子供たちにまで分かりやすく紹介するために、クリスマスに市民向けの講演会を開きました。その講演の一つが１８６１年のロウソクに関する講演で、後に著書「ロウソクの科学」として今日に伝えられています。

ファラデーはこの講演で、ロウソクが燃えて光を出す神秘を実験を交えて解き明かしています（この講演では円錐状の日本のロウソクも登場します）。

ロウソクが光を出すのは主成分のパラフィンが酸素と反応して燃焼する単純な反応ですが、そこには多くのドラマがあり、ファラデーはその過程を6章にわたっていろいろな側面から解説しています。

それでは、「ロウソクの科学」の中の酸素を少し詳しく見てみましょう。ロウソクの炎の中では物理的変化と化学的変化が絶妙にバランスしていますが、この本では化学変化である燃焼に注目します。

ロウソクの主成分であるパラフィンは炭素原子と水素原子が結合してできている物質です。ロウソクの炎は、このパラフィンが空気中の酸素と反応して二酸化炭素と水ができるときの熱によって生まれたものです。

さて、アルコールランプの炎を見てみましょう。その炎はあまり輝いていないのでランプとして使うのには向いていません。なぜでしょうか？

パラフィンもアルコールも炭素と水素が酸素で燃焼する反応自体は変わりません。しかし、パラフィンを燃やすためにはたくさんの酸素が必要なので酸素の補給が間に合わず、途中でススができます。そこでファラデーは硝子板を炎の上部に置き、黒いススを集めて

マイケル・ファラデー

一口メモ

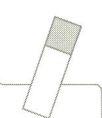

ファラデーは気体に圧力をかけて液化する実験で臨界温度の存在を予言しました。酸素は－118℃（臨界温度）以下でないと液化しません。液体酸素の色は空色、色の原因は二つの不対電子です。

ロウソクの炎の中の化学変化

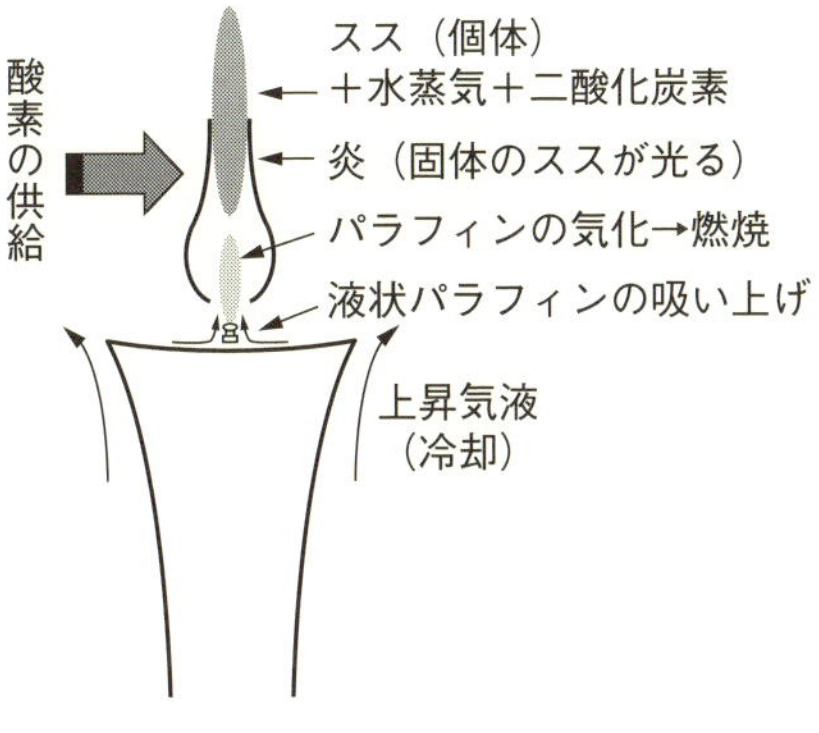

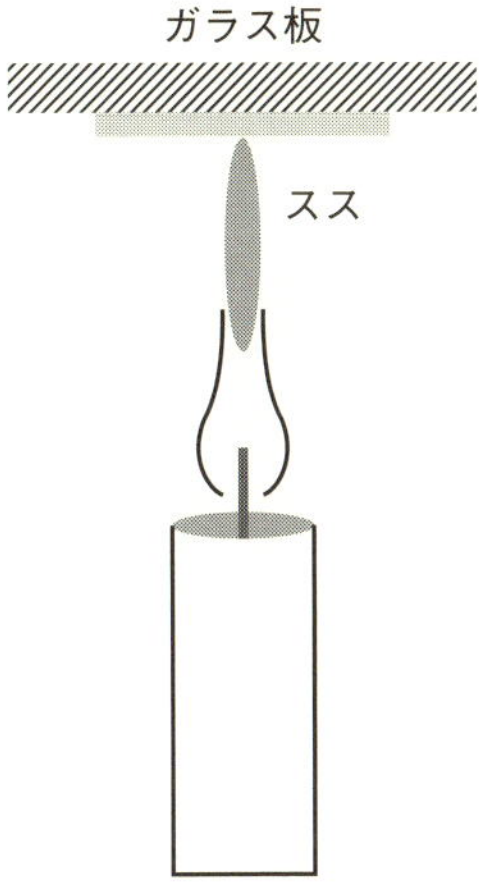

みせます。アルコールランプではススはできません。

そうです。ロウソクの炎が明るく輝くのは燃焼による熱のためだけではありません。炭素の微粒子であるススは燃焼で発生する熱を吸収して適度な高温になって、目に見えるいろいろな波長の光を放射して明るく光り輝いていたのです。しかし、アルコールランプの炎には目には感じない特定の波長の光しか含まれていません。このため明るく輝くことはできないのです。

次にファラデーが講義の中で、炎の中ではどのような化学変化が起きているかを示した実験例をいくつか示しましょう。3節で述べた酸素が関わる化学変化を参考にして下さい。

まず、パラフィンの中の炭素が燃焼してできる二酸化炭素です。彼は、炎から出てくる気体を石灰水に溶かすと白い沈殿ができることを示します。この白い沈殿は炭酸カルシウム（$CaCO_3$）で、地球上では鍾乳洞や大理石として人々の目を楽しませてくれます。

炎の中にできた次の物質は水です。水を集めるためには、氷を乗せた容器を使います。炎から少し遠ざけて容器を置くと、その底に水滴が付いて落ちてくることで水ができたことを証明します。

三番目は、デービー（ファラデーの先生）がナトリウムやセシウムが元素であることを証明するために使った電気分解です。図で示すように薄い硫酸を含む水を電気分解すると水素と酸素が2：1ででき、試験管に集めることができます。つまり、電気エネルギーを使うと水素が燃焼する反応の全く逆の反応を起こすというわけで、酸素と水素が元素であることを確証した重要な実験です。

原本との順序は異なりますが、ファラデーは鉄と酸素の反応を取り上げ、鉄がさびる現象は炎のでない燃焼と説明します。

さらに、そこに水が絡む反応に言及しています。つまり、金属カリウムの小片を水の上におくと激しく燃えます。これは、カリウムが水を還元して水素ができ、その水素が燃焼しているわけです。同じ現象は鉄くずや亜鉛でも起こります。

炎の中にできた水

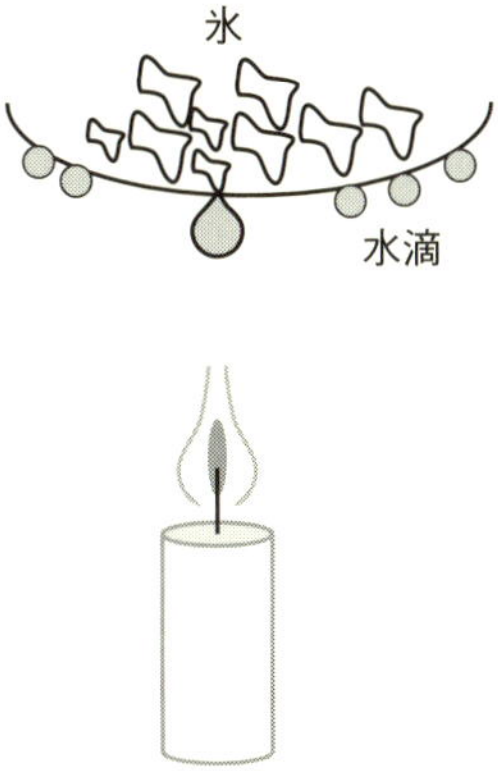

炎の中にできた二酸化炭素

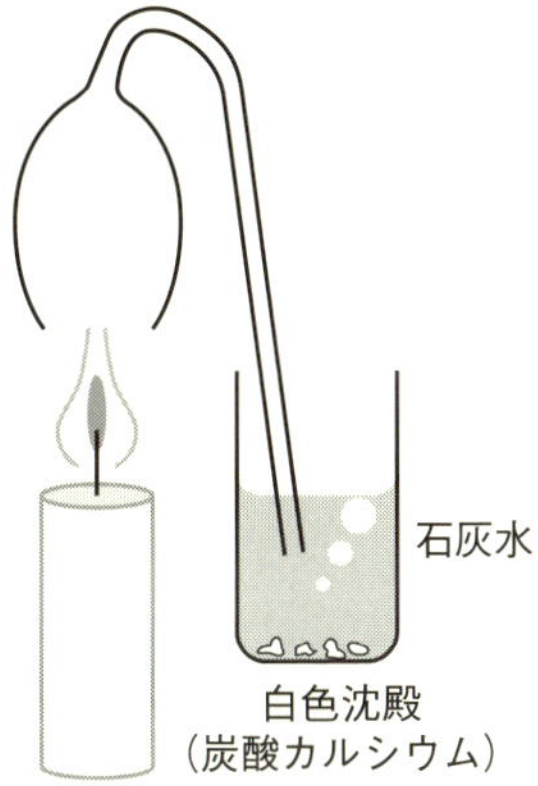

錆の形態

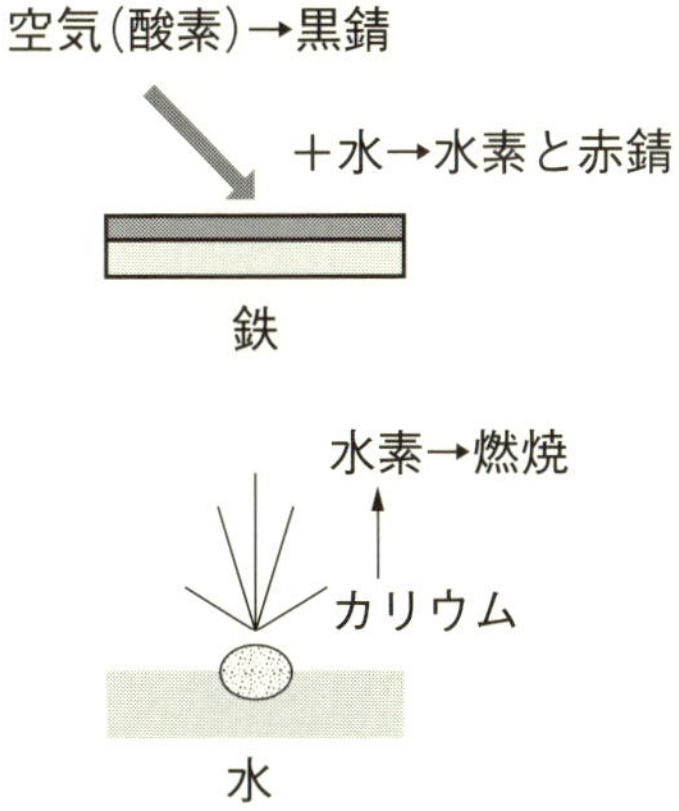

水の電気分解

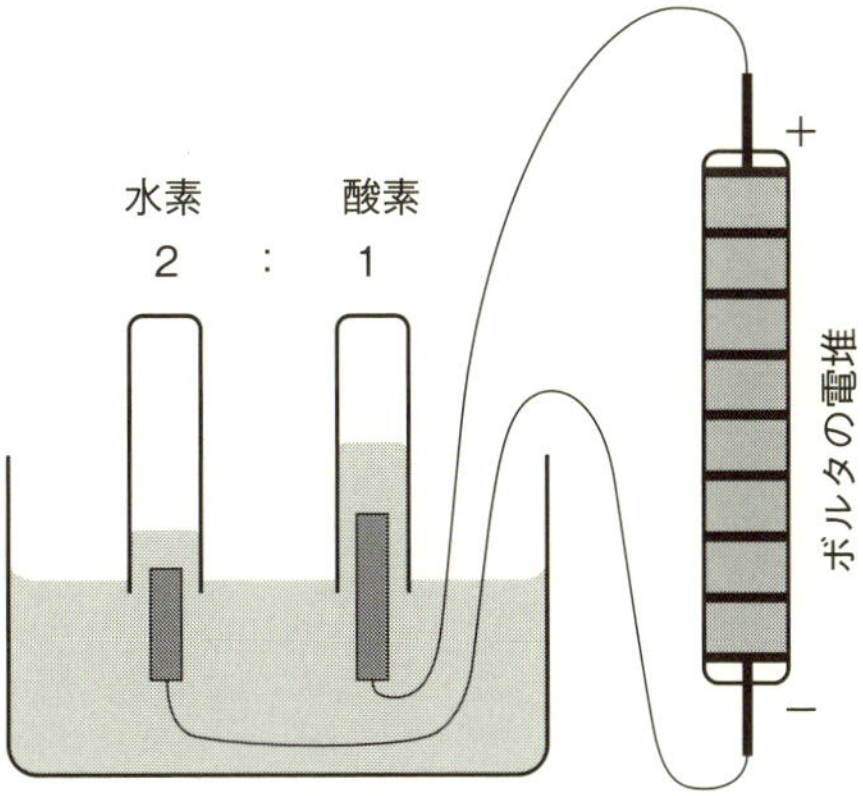

6 酸素が生んだ熱
―熱の正体をあばこう

ロウソクの炎とアルコールランプの炎を比較すると、光と熱（温度）の関係はそう簡単なものでないことが予想できます。ファラデー自身も熱についてはほとんど言及していません。

燃焼を科学的に説明する代表的な理論の一つが18世紀の「フロギストン説」です。フロギストンは固有の質量をもっている物質と考える理論です。一方、ラボアジェは燃焼の現象を詳しく調べ、燃焼の反応では、「質量をもつ熱素」なる物質は存在しないことを証明したのです。

同時に彼は、空気中には燃焼を助ける酸素が5分の1含まれていて、残りの5分の4は安定な窒素であること、そして燃焼の主役はその酸素であることを明らかにしました。ファラデーもクリスマスレクチャーでこれらの実験を取り入れています。

これら一連の研究から彼は、ギリシャ哲学とは全く異なる新しい元素の概念を提唱しました。詳細は第2章に譲るとして、その表の一部を示します。ここには「自然界に広くあるもの」として、酸素と水に関係する水素、空気の主な構成成分である窒素の他に「光」と「熱素」が掲載されています。この両者は19世紀の化学の分野では物質として認められていませんでしたが、これらは化学とは切っても切れない縁があるので、あらかじめこの二つの将来の科学における役割について簡単に触れておきましょう。

ラボアジェは燃焼については完璧に解き明かしましたが、熱を解明することはできませんでした。

原子や分子についての実験研究が順調に進んでいったのと対照的に、熱に関する学問体系は「熱力学」として独自の道を歩み、両者は19世紀末から20世紀初頭になって始めて関係づけられました。つまり、ネルンストによるエントロピーゼロの条件と、絶対零度の存在、およびボルツマンによる統計力学での温度とエネルギー状態の解明、およびアインシュタインの光量子仮説による光（電磁波）とエネルギーの関係の解明でした。

ある温度の物体から放射される光と温度（熱）の関係を図に示します。ロウソクのススの粒はこのような光を放射して輝きます。しかし、アルコールランプの光は大部分が目に見えない光しか放射することができないので輝かないのです。光量子仮説によれば、目に見える光は質量のない粒子（素粒子）の集合で、色や温度はその形で決まります。ラボアジェは彼の元素の中の「光」と「熱素」が元素を超えた素粒子であったことは夢にも想像しなかったでしょう。

ラボアジェの元素の分類の一例

分　類	元　　素　　名
自然界に広くあるもの	光、熱素、酸素、窒素、水素

固体が放射する光

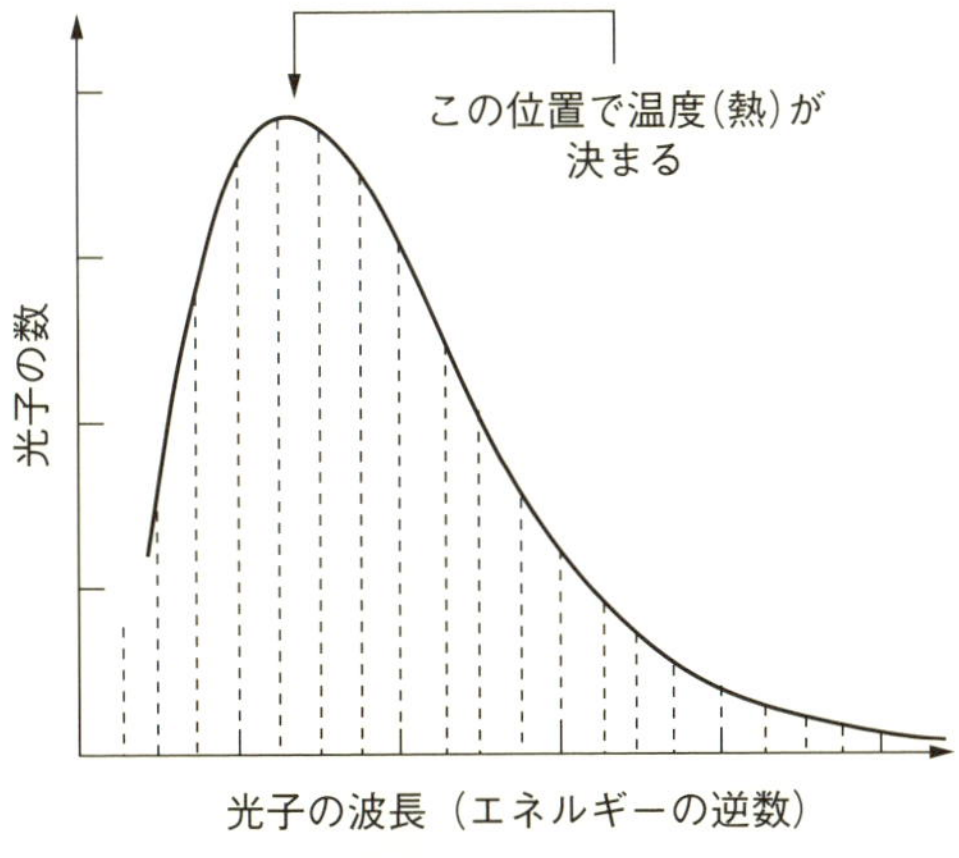

太陽はピークの位置が6,000℃程度の可視光線
人体は37℃程度の赤外線

第一の火、第二の火、第三の火

第一の火（燃焼による熱）。第二の火（電気エネルギー）図は交流発電の原理、ファラデーは電磁誘導の原理を発見しましたが、特許は取らず公開しました。第三の火（核のエネルギー）本来は太陽と同じ原理の核融合ですが先に実用化されたのはウラニウムなどの核分裂です。核融合は理想のエネルギー源といわれています。

核融合反応にはたくさんの経路があるのでその一例を示しました。

電気エネルギーを第二の火としないで核反応を第二の火とする意見もありますが、「火」を「エネルギー」と解釈すれば電気を第二の火とするのが自然ではないでしょうか。

第一の火
（燃焼）

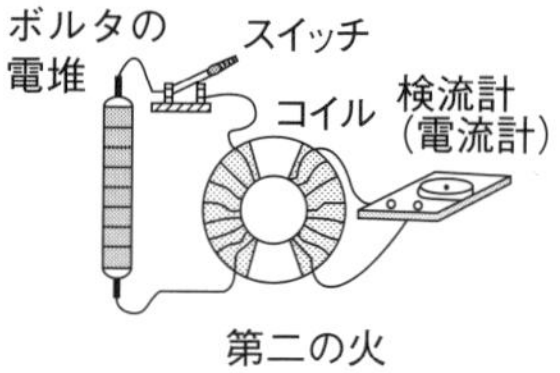

第二の火
〔電気：電池、交流（電磁誘導）〕

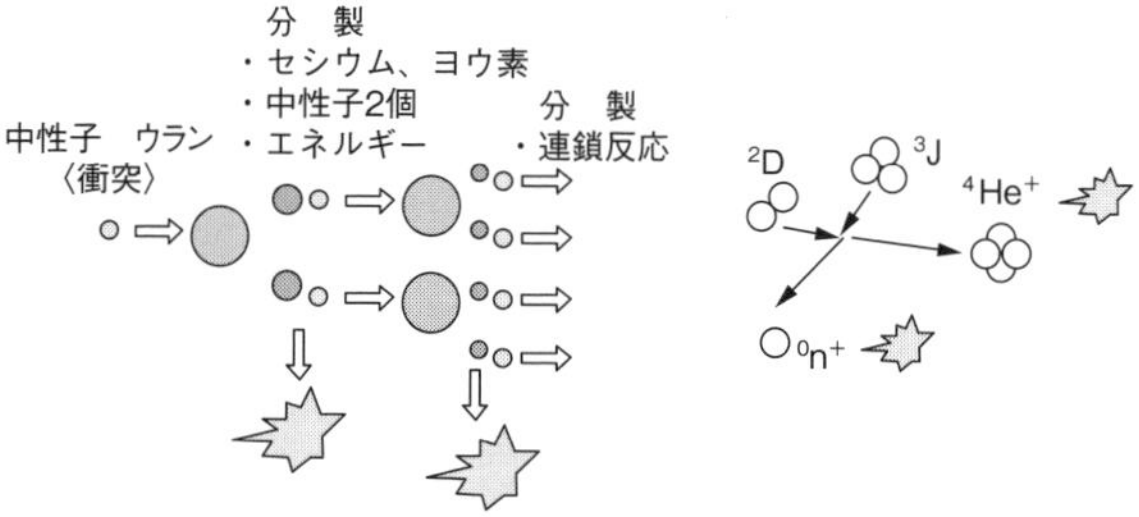

第三（二）の火
（核分裂：原子力発電）（核融合：核融合炉）

第2章
酸素の化学
—酸素は化学の母

7 酸素は元素だった
―ラボアジェ時代の元素表

酸素は多彩な結合力を持っています。そして多くの元素と結合するので、地球上ではそのごく少量が気体の酸素やオゾンなどの単体として存在しています。

燃焼を科学的に説明する代表的な理論の一つが前章で触れたフロギストン説です。「フロギストン」は日本語で「熱素」と訳されていて、固有の質量を持っている「物質」と考える理論です。

一方、ラボアジェは燃焼の現象を詳しく調べた結果、燃焼の反応では、質量をもつ「熱素」なる物質は存在しないことを証明したのです。そして、空気中には燃焼を助ける酸素が5分の1含まれていて、残りの5分の4は安定な窒素であること、そして燃焼の主役はその酸素であることを明らかにしました。

ラボアジェは同時に、炎を出さない燃焼、つまり金属の錆（酸化反応）についても様々な実験を行いました。

ラボアジェが行った有名な実験に、赤色の酸化水銀（HgO）を加熱して分解すると金属の水銀（Hg）ができる反応があります。また５００℃以下の温度では、金属水銀は酸素と結合して赤色の酸化水銀に戻ります。

この反応では見かけ上、加熱によって質量が減少するように見えますが（フロギストン説の根拠）、ラボアジェは、この化学反応の左辺HgOの質量と、右辺の水銀と酸素を合わせた質量を測定した結果、反応の前後で総質量は変化しないことを発見しました。つまり、燃焼や錆などの化学反応においては「物質は化学変化しても総質量は変化

$$\mathrm{HgO}\ \underset{\text{冷却（500℃以下）}}{\overset{\text{加熱（500℃以上）}}{\rightleftarrows}}\ \mathrm{Hg} + 1/2\,\mathrm{O_2}$$

ラボアジェの元素

分類	元素
自然界に広くあるもの	光、熱素、酸素、窒素、水素
非金属	硫黄、リン、炭素、塩酸基（塩素）、フッ酸基（フッ素）、ホウ酸基
金属	アンチモン、銀、ヒ素、ビスマス、コバルト、銅、スズ、鉄、モリブデン、ニッケル、金、白金、鉛、タングステン、亜鉛、マンガン、水銀
土	ライム（酸化カルシウム）、マグネシア、バリタ（酸化バリウム）、アルミナ、シリカ

しない」という「質量保存の法則」を立証したのです。物質が（化学的に）変化しても総質量は変化しないということから推測して、物質は化学反応では変化しない基本的な物質「元素」からできているという結論に到達するのです。彼はこのような考えから、ギリシャ哲学とは全く異なる立場から実験に基づいて科学的な元素の概念を提唱しました。

彼がまとめた33の元素を表に示します。この表を見ると、非金属と金属は当時の技術で何とか酸素と対応する元素に分解できた物質と考えられます。一方、「土」に分類されている元素は現在では酸化物などとして知られている物質です。たとえばライムはCaO（カルシウムの酸化物）、アルミナはAl_2O_3（アルミニウムの酸化物）……。ナトリウムなどのアルカリ金属はこの当時、まだ純粋な酸化物の形ですら得ることができなかったようです。これら酸化物を構成する金属は酸素との結合力が強く、当時の技術ではまだ酸素と金属に分解できていなかったことを示しています。

この燃焼および酸化の現象から化学は急速に発展していったので、酸素は化学の生みの親と言えるのです。

8 化学では原子・分子の数を数える
―体積を測ると分子の数が分かる

地球上の大部分の物質（元素）は酸素と結合してその姿を様々に変えて存在しています。それでは、酸素はどうしてこのように様々な元素と結合するのでしょうか。

酸素が他の物質（特に気体）と結合する燃焼などの反応を詳しく研究した結果、学問としての化学が生まれました。その立役者の１人がラボアジェであり、アボガドロによって原子や分子の数が数えられるようになって化学の学問としての体系ができあがりました。

化学が錬金術から学問へと発展した最大の貢献は物質の量の表し方にあります。ものを買うとき、大きく分けて三つの方法があります。一番目は１㎏、２㎏のように質量で買うこと、二つ目は容器に入った液体の場合で７００㎖、１８０㎖のように体積で購入する場合、三つ目はリンゴやトマトなどを１個、２個という個数で購入する場合です。

さて、化学変化を詳しく追っていく過程で、物質には最小単位（原子や分子）があり、リンゴのように１個、２個と数えなければならないことが分かってきました。原子説や分子説の登場です。

ここで、その経緯をたどってみましょう。

①質量保存の法則（１７７４年、ラボアジェ）

この法則は「無から有は生まれない」ということわざの化学版と言えるでしょう。この法則によって熱は物質ではないことが証明されました。

②定比例の法則（１７９９年、プルースト）と倍数比例の法則（１８０３年、ドルトン）

これらは簡約すると「純粋な物質の反応は簡単な整数比をなす」という法則です。この二つの法則によって物質の最小単位は分子で、その分子は幾種類かの原

アボガドロ

ラボアジェ

物質の量の表し方

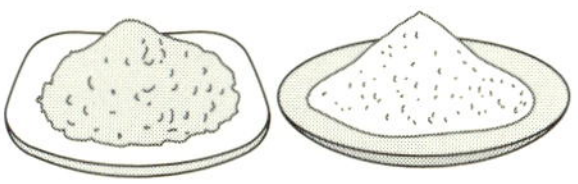

（1）砂糖、塩
粉末状商品
重さ：g、kg

（2）醤油、お酒、油
液体の商品
体積：ℓ、mℓ

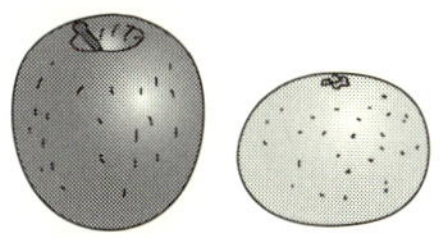

（3）リンゴ、ミカン、
固まりの商品
1個、2個…

気体反応の法則とアボガドロの原子説（分子説）

原子説では原子を半分にしなくてはならない。

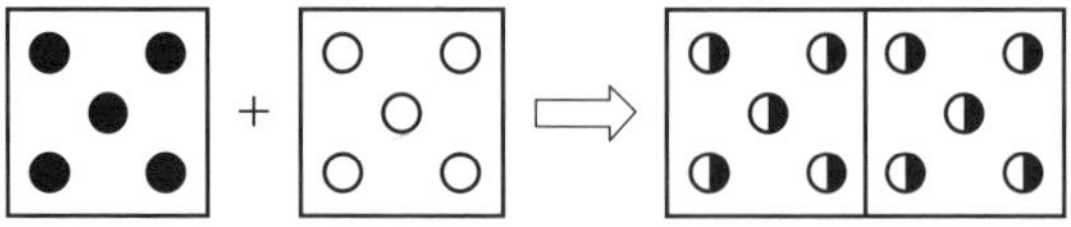

原子説：酸素原子で1体積
窒素原子で1体積

一酸化窒素：酸素 1/2 ＋ 窒素 1/2
酸素原子と窒素原子は分割

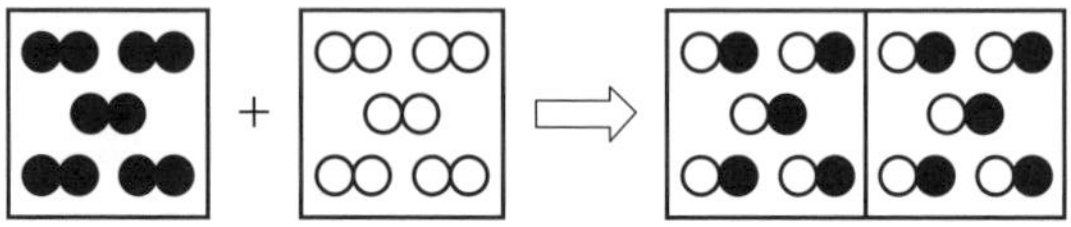

分子説：酸素分子で1体積
O_2
窒素分子で1体積
N_2

一酸化窒素：酸素 1 ＋ 窒素 1
O　N
一酸化窒素分子で1体積
NO

子が組み合わさってできていることを意味しています。つまり化学反応は「個数」で考えなければならないということを意味しています。

③気体反応の法則（1808年：ゲーリュサック）

「気体同士の反応は一定の体積の比で起こる」という法則です。例えば水素と酸素は2：1の体積比で反応します。燃焼反応の主役である酸素は気体なので、この法則ができるときに重要な役割を演じました。

④アボガドロの法則（1811年：アボガドロ）

理想気体の場合、「温度と圧力が同じであれば、同一体積中には同数の分子があり、分子の種類に関係しない」という法則です。原子や分子1個の大きさや質量は極めて小さいので測定することは極めて困難です。しかし、気体の場合は体積を量ると分子の数を数えることができるのです。現在は質量（kg）・長さ（m）・時間（s）と並んで「物質の量」が基本的な単位として国際単位系で規定され、それを1モル〔mol：約6×10^{23}個、体積にして22・4ℓ（0℃）〕といいます。

9 酸素は化学の先生泣かせ

—酸素は暴れん坊ラジカル

ちょっと難しくなりますが酸素の性質を理解するためには、化学結合がどのようになっているかを少し詳しく知る必要があります。

ボーアの原子模型（1913年）の登場で化学結合は目に見える形で理解できるようになりました。つまり、原子は中心に陽電荷をもつ陽子（実際には中性子を含む）と、周りの決まった軌道を回る電子でできているというモデルです。各原子のボーアモデルを周期表で表したものが次の表です。第3周期までとカリウム、カルシウムまでの各元素の結合状態はこの図で非常にうまく説明できるので、高校の化学まではたいていの場合この図に基づいて説明されています。

典型的な例が「共有結合」と「イオン結合」です。つまり、原子や単イオンの場合には、最外殻（L殻）の電子が8個（水素の場合は2個）、分子の場合には

原子のボーアモデル

周期	族	1	2	13	14	15	16	17	18
1	電子配置	水素H							ヘリウムHe
	K殻	1							2
2	電子配置	リチウムLi	ベリリウムBe	ホウ素B	炭素C	窒素N	窒素O	フッ素F	ネオンNe
	K殻	2	2	2	2	2	2	2	2
	L殻	1	2	3	4	5	6	7	8
3	電子配置	ナトリウムNa	マグネシウムMg	アルミニウムAl	ケイ素Si	リンP	硫黄S	塩素Cl	アルゴンAr
	K殻	2	2	2	2	2	2	2	2
	L殻	8	8	8	8	8	8	8	8
	M殻	1	2	3	4	5	6	7	8

八隅説：共有結合とイオン結合

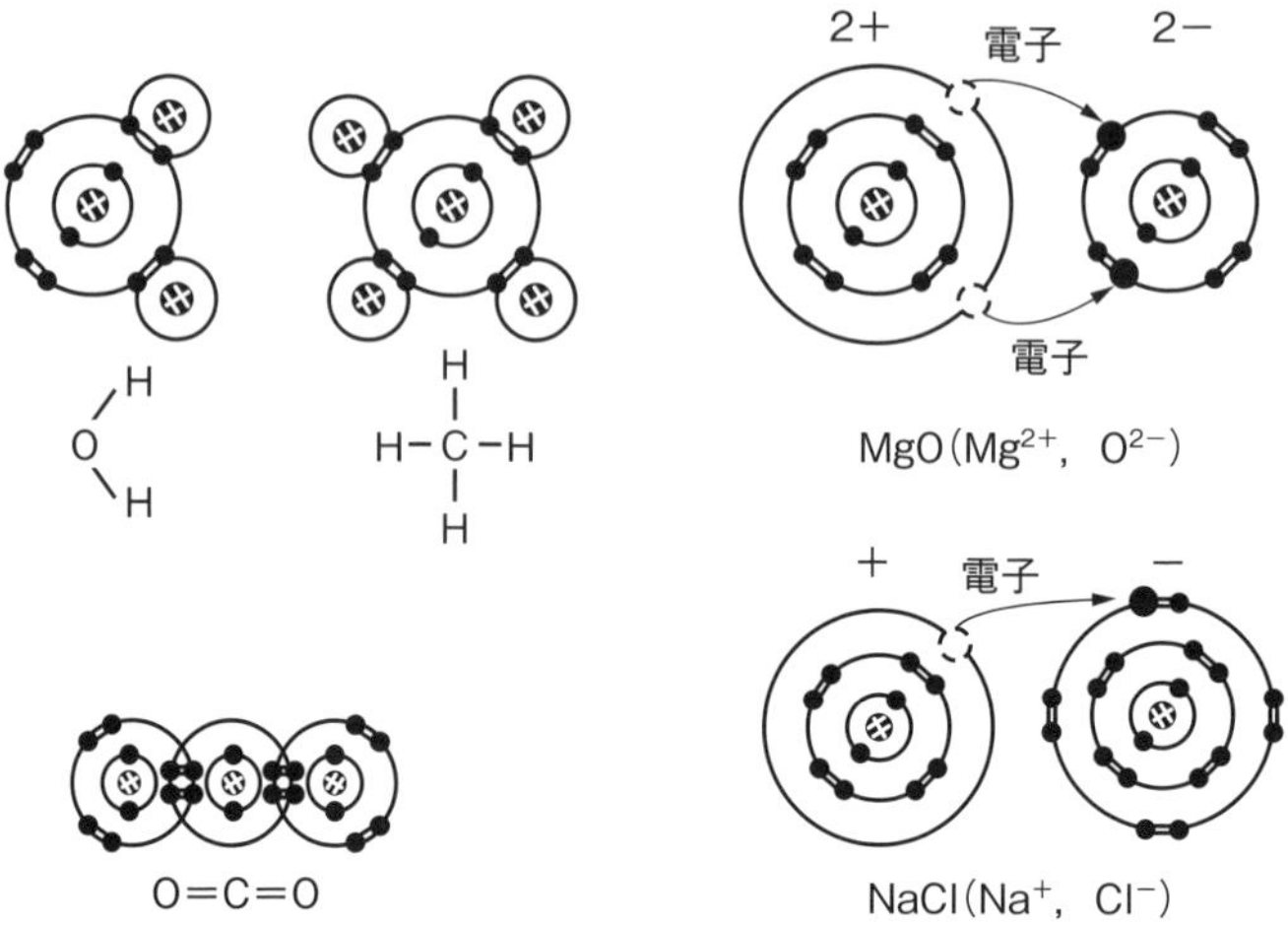

結合を作っている原子の対として最外殻の電子が8個だと安定になるという考え方です。これを八隅説《はちぐうせつ》といいます。例えば、H_2O（水）、CH_4（メタン）、CO_2（二酸化炭素）、NaCl（塩化ナトリウム）、MgO（酸化マグネシウム）の例を図に示します。お互いに電子を1個ずつ出し合う共有結合では、共有している電子の対を1本の線で表します。ボーアの理論は前期量子論に分類され、現在の研究分野ではほとんど利用されていませんが、教科書で化学結合を教えるとき便利なので今でも良く使われています。

さて、高校の教科書では酸素分子（O_2）の構造はどこを見ても見当たりません。どうしてでしょうか。

周期表の酸素原子の構造を元にして酸素分子の構造を見てみましょう。これを図に示します。

片方の酸素原子の周りの電子の数はいずれも6個です。一般に電子は2つ集まると対を作りやすい性質があります。したがって、酸素分子の場合も八隅説に従えば二重結合のはずです。しかし、酸素分子はその説に反して、1つの電子対（共有結合）と2つの孤立した電子をもっています。第3周期までの原子でできて

酸素分子（イオン）のいろいろな形

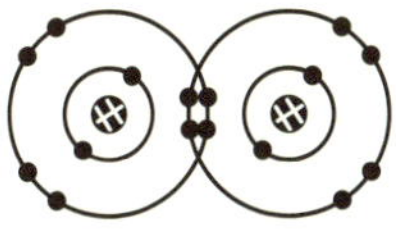

O＝O（一重項酸素）
ボーアモデル・八隅説によるO_2

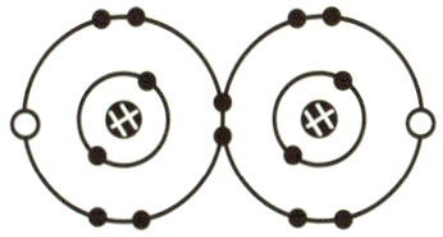

・O－O・（三重項酸素：ラジカル）
ボーアモデル・波動力学によるO_2

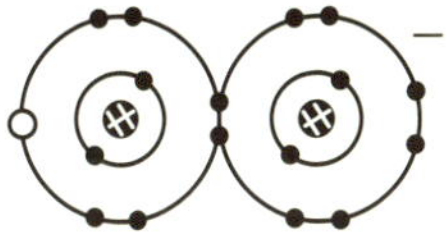

O－O^-（酸素＋電子1個）
スーパーオキサイドイオン

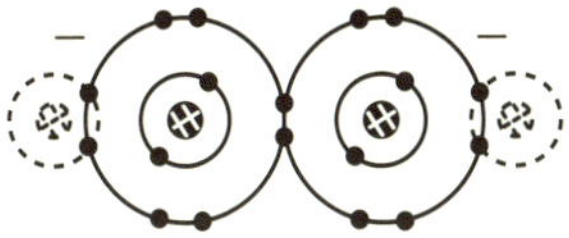

O－O^{2-}（酸素＋電子2個）
パーオキサイドイオン
両側にH^+が結合すると過酸化水素（点線）

○が対を作っていない電子（ラジカル）

いる分子やイオンはほとんど八隅説に従って安定な分子となっています。しかし酸素分子は例外で、対を作っていない電子（不対電子）を2つももっています。この不対電子は酸素が様々な結合をする原因となっています。

第3周期までに属する分子、特に炭素を骨格とする分子では、不対電子をもつ物質を「ラジカル」と呼んで、非常に反応性が高い暴れん坊な物質を意味します。しかし、大気中の酸素分子・O－O・（三重項酸素という）は、電子が対を作っている酸素分子O＝O（一重項酸素）より1モル当たり約90 kJエネルギーが低いので大気中で安定なラジカルとして存在しています。

図にイオンも含めたO_2の四つの形態を示します。これらはいずれも活性なので「活性酸素種」と呼ばれる仲間で、暴れん坊の程度は中程度、その中程度が生命体の維持では活躍しています。

高校化学で酸素分子の構造に言及しないのは、八隅説が適用できず現代化学の基礎である波動力学（後期量子論に分類）が必要なためでしょう。

10 酸と塩基
―酸素は酸のもと？　水素は水のもと？

酸素はフランスの科学者ラボアジェが命名したもので、彼は種々の実験結果から7節で述べたように、それ以上分割できない元素であると考えました。酸素はフランス語で「oxygene」といい、「酸を生成する根源、酸のもと」という意味を持っています。

硫黄を燃やすと亜硫酸ガス（二酸化硫黄：SO_2）、リンを燃やすと五酸化リン（P_2O_5）、炭素を燃やすと炭酸ガス（二酸化炭素：CO_2）に変化します。これらの気体を水に吸収させると酸を生じるところから、ラボアジェは、酸素はすべての酸のもとであると考えました。

さて、現在では水溶液の酸性（またはアルカリ性）の強さを表す尺度としてpH（ドイツ語読みでペーハー、英語読みでピーエッチ）を使っています。これは水素イオン（H^+）濃度の常用対数を取り、それにマイナスの符号をつけたものです。つまり、酸のもとは水素（正しくは水素イオン）ということが後に分かったのです。

$$pH = -\log_{10}[H^+]$$

（［　］は水1dm^3（＝1）中に含まれる物質濃度を表す。）

それではラボアジェは間違っていたのでしょうか。かの大科学者が間違いをする訳はありません。その答は「水に溶かした」ことにあります。亜硫酸ガスや炭酸ガスを水に溶かすと、これらは水（H_2O）と反応して、結果的に水素イオンを出して酸性になるのですから、酸素は酸そのものではありませんが「酸のもと」という考えは間違いではありません。

ここで忘れないで欲しいのは、水に酸素が含まれているということです。後世になって水でない液体（非水溶媒と称し

燃焼と水による酸の育生

※燃焼反応（酸素と結合）

・S（イオウ）＋酸素（O_2）→SO_2（亜硫酸ガス）

・P（リン）＋酸素（O_2）→P_2O_5（五酸化二リン：白煙、固体）

・C（炭素）＋酸素（O_2）→CO_2（炭酸ガス）

・H_2（水素）＋酸素（O_2）→H_2O（水）

※水と反応してH^+（酸性）となる仕組み

・$SO_2+H_2O \rightarrow H_2SO_3 \rightarrow H^+$（酸性）$+HSO_3^-$

・$P_2O_5+H_2O \rightarrow H_3PO_4 \rightarrow H^+$（酸性）$+H_2PO_4^-$

・$CO_2+H_2O \rightarrow H_2CO_3 \rightarrow H^+$（酸性）$+HCO_3^-$

・$H_2O+H_2O \rightarrow H_2O \rightarrow H^+ + OH^-$

H^+（酸）とOH^-（塩基）が同量できるので中性。

※水の電気分解（水素の半分の体積の酸素ができる）

・$H_2O \rightarrow H_2+1/2O_2$

（電気エネルギー）

ます）でも酸（塩基）が定義されることになりますが、そこでは水素ではなく酸素の化学構造がキーポイントになります。

さて、もう一方の水素はどうでしょうか。

水素（英語名：hydrogen、フランス語名：hydrogène）は「水を生ずるもの」を意味しています。つまり、水素ガスを燃やすと（つまり、酸素：O_2と結合すると）水ができることに由来していて、これもラボアジエが命名して元素に加えています。水素は亜鉛や鉄を希硝酸の溶液に浸すと簡単にガスとして発生します。しかし、水は水素だけでできている訳ではありません。「酸素で燃やす」ということを忘れないで下さい。

１８００年、カーライルとニコルソンは発明されたてのボルタ電池を使って水を電気分解して酸素と水素に分解して「酸素―水素―水」の関係を解明すると同時に酸素と水素の元素として地位が確立したのです。ファラデーもロウソクの科学の中で電気分解の実験を取り入れています。

11 酸化と還元
——酸素の力の源は電子だった

「酸と塩基」と「酸化と還元」はよく混同されます。大学入試に共通一次（現在はセンター入試）が取り入れられて間もなく次のような問題が出ました（形式は当時と異なります）。

【問】10gの亜鉛（原子量65・4）と硫酸9・8g（分子量98）を反応させた。何gの亜鉛が溶けるか？

反応式は$Zn + H_2SO_4 \rightarrow ZnSO_4 + H_2$、イオン式で書くと：$Zn + 2H^+ \rightarrow Zn^{2+} + H_2$ですから、出題者が想定した答はおそらく6・54gだったのでしょう。しかし、ここには大きな落とし穴があります。亜鉛は硫酸（H^+）だけでなく、水（H_2O）とも反応して水素を出します。つまり、H^+は酸としてではなく、酸化剤として働いているのです。

さて本来の酸化に戻りましょう。酸化・還元にはいろいろな定義（考え方）があります。

（古典）酸化：酸素と結合すること

還元：酸素を取り除くこと、または水素と結合すること。

酸化：金属＋酸素→酸化物

還元：酸化物＋水素→金属（＋水）

（現在）

酸化：電子を失うこと

還元：電子と結合すること

酸化と還元は同時に起こり、同じ数の電子（e^-）が移動します。酸素はそこでどのような役割をするのでしょうか。前述の亜鉛の場合では、

酸化：$Zn - 2e^- \rightarrow Zn^{2+}$（亜鉛は電子を失う）

還元：$2H^+ + 2e^- \rightarrow H_2$（水素イオンは電子をもらう）

付け加えれば次の反応も起こります。

還元：$2H_2O + 2e^- \rightarrow H_2 + 2OH^-$

酸素原子の酸化（電子引き抜き）の八隅節による図

実際の反応式はこれとは異なる。
例えばM_gOはこの図の共有結合とイオン結合の中間。

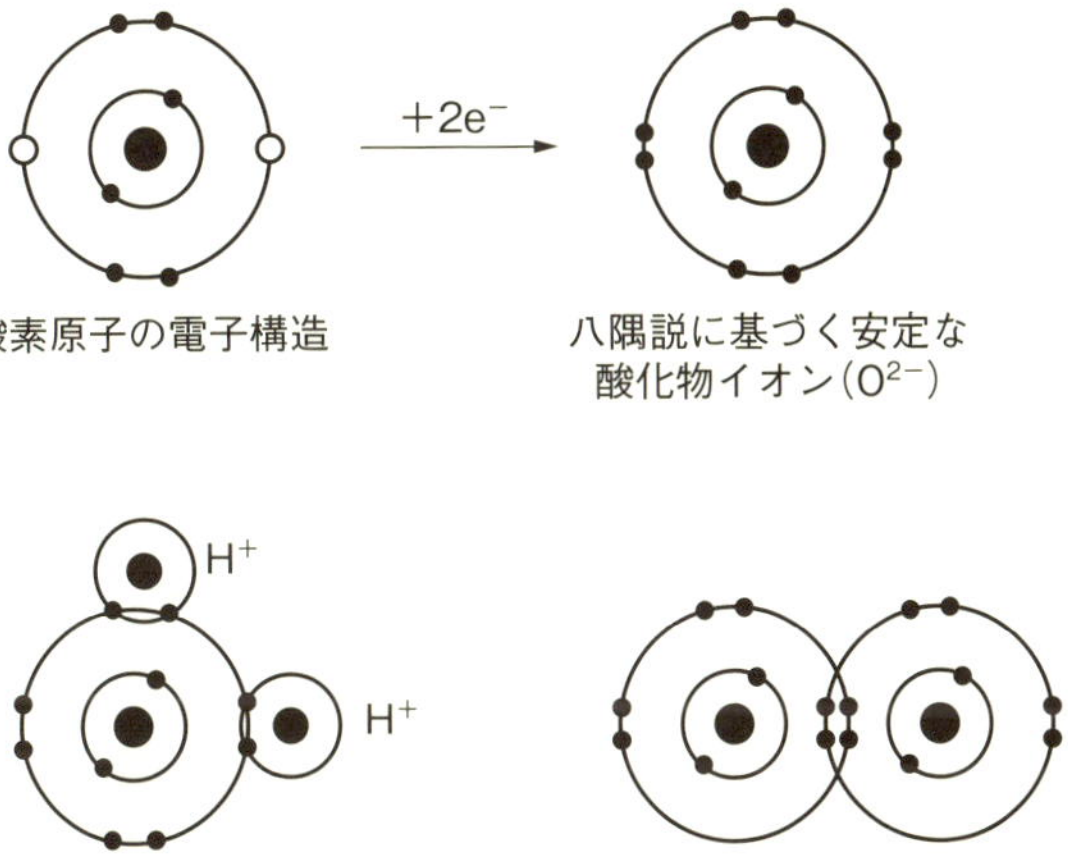

酸素原子の電子構造

八隅説に基づく安定な
酸化物イオン（O^{2-}）

O^{2-}

八隅説に基づく水（H_2O）
の電子構造

Mg^{2+}　O^{2-}

八隅説に基づく酸化マグネシウム
（MgO）の電子構造

【注】酸素は相手から電子を2個もらい（還元）、酸化物イオン（O^{2-}）となる。

このため長時間放置すると水が多量にあれば全ての亜鉛は溶けることになります。

　ところで、化学の母である酸素の酸化・還元反応はどのように解釈されているのでしょうか。

　図は酸素と電子との関係を示しています。酸素原子は最外殻に6個の電子をもっています。したがって、八隅説によれば、あと2個の電子をもらえば最外殻は8個となって化学的に安定になるはずです。実際、地球上に存在している酸素は、酸素分子を除けば相手が何であってもほぼ全て還元されたO^{2-}の形をもっています。このため酸素原子は電子を奪う力が強い、つまり酸化力が強いということになります。地球表面付近では酸素（酸化物イオン）が大量にあるので、電子を奪う物質の代表として酸素が「酸化」の代表となっているのでしょう。

　現在の科学は波動力学が基礎となっていて、八隅説は物質の性質を正しく表すものではありませんが、化学反応を分かりやすく説明するためには強力な武器であることは間違いありません。

12 水素結合
―酸素の多彩な結合力が環境を制御する

酸素の代表的な化学的性質は他の元素から電子を奪い取る酸化力です。しかし、自然界では酸素がもつもう一つの結合力が重要な役割をしています。

左頁の図の隣り合う原子は互いに電子を出し合って対を作り最外殻電子の数は合計8個（水素では2個）で安定になります。化学式では、この電子対を「1本の線」で表し、その結合を「共有結合」といいます。

ここで水とアンモニアの八隅説に基づく電子配置を見てみましょう。水の酸素原子、アンモニアの窒素原子は、それぞれ最外殻に8個の電子を持っていて安定になっています。

さて、上の図はそれぞれ1個の分子が気体のように孤立した状態に対応しています。ところが、液体の水や、水に溶けたアンモニアはどうでしょう。図の各分子は八隅説を満たしていますが、これらの分子には相手に原子を持たない対になっている電子があります。このような電子を「非共有電子対」といって化学では特別な意味を持ちます。

図ではアンモニアの窒素原子の非共有電子対に1個の水素イオンが結合してアンモニウム（NH_4^+）というイオンとなって安定化します。つまり、八隅説を満たしていない物質は非共有電子対を利用して複数分子からできた集合体の全ての原子が八隅説を満足する力が働くのです。この結合を「配位結合」と言います。

水分子もH^+と結合してヒドロニウムイオン（H_3O^+）となっています。この結合は水や氷でも大きな役割をしています。一般に分子量が小さい分子ほど融点は低く、沸点も低くなります。そこで、ほぼ同じ分子量をもっているメタン、アンモニア、水を比べてみましょう。メタンは非共有電子対をもっていません。アンモ

配位結合と水素結合

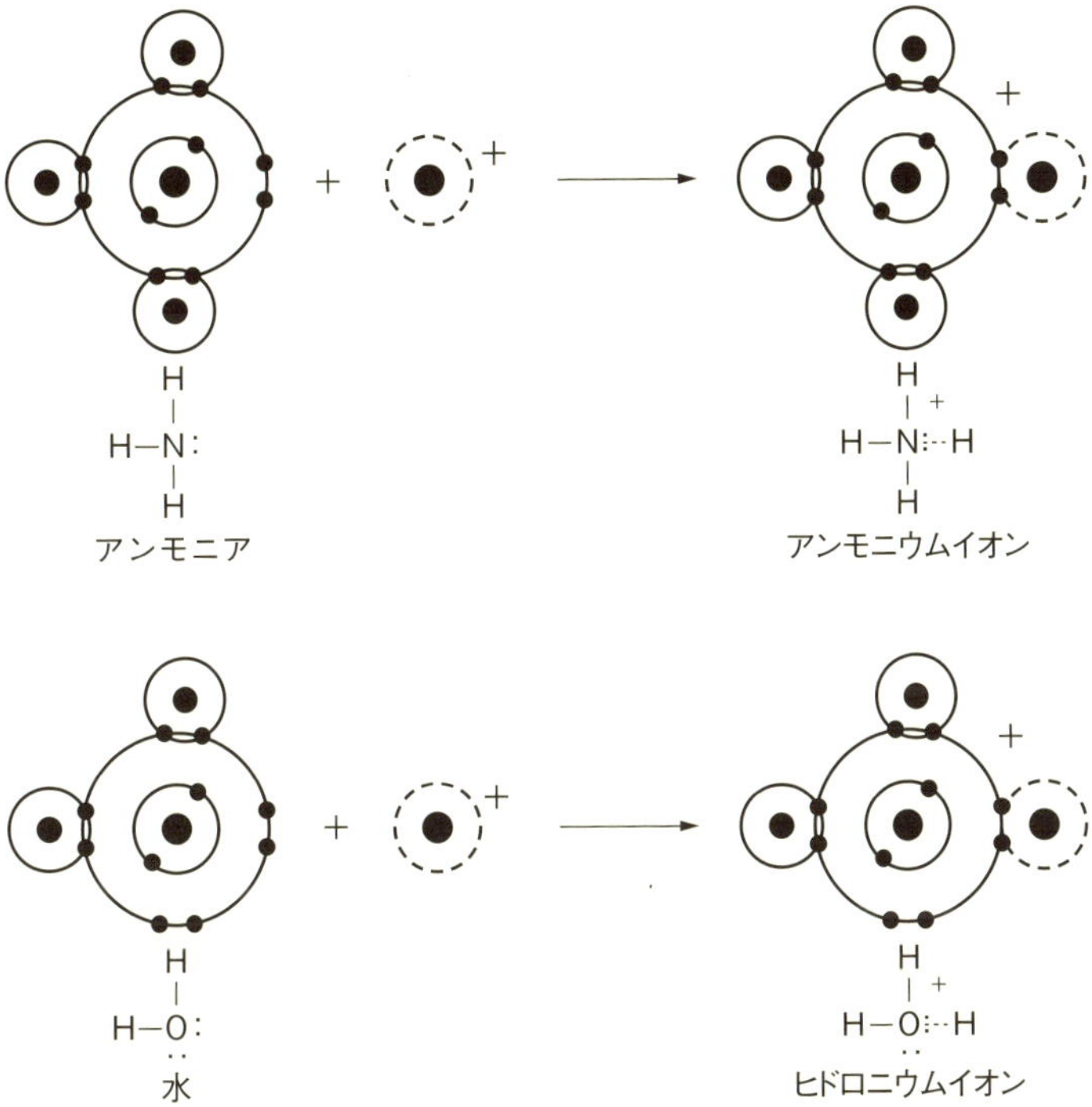

メタン、アンモニア、水の比較

物質	分子量	融点(℃)	沸点(℃)
メタン	16	−182.5	−164
アンモニア	17	−77.7	−33.4
水	18	0	+100

水と氷の水素結合の様子

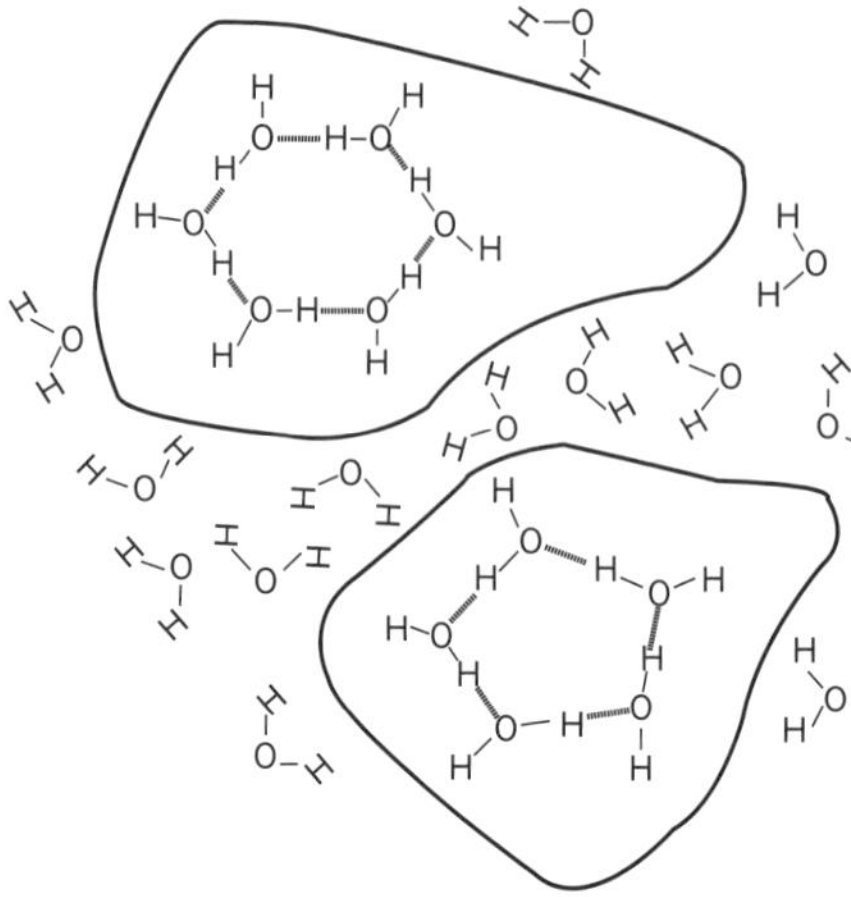

水の水素結合

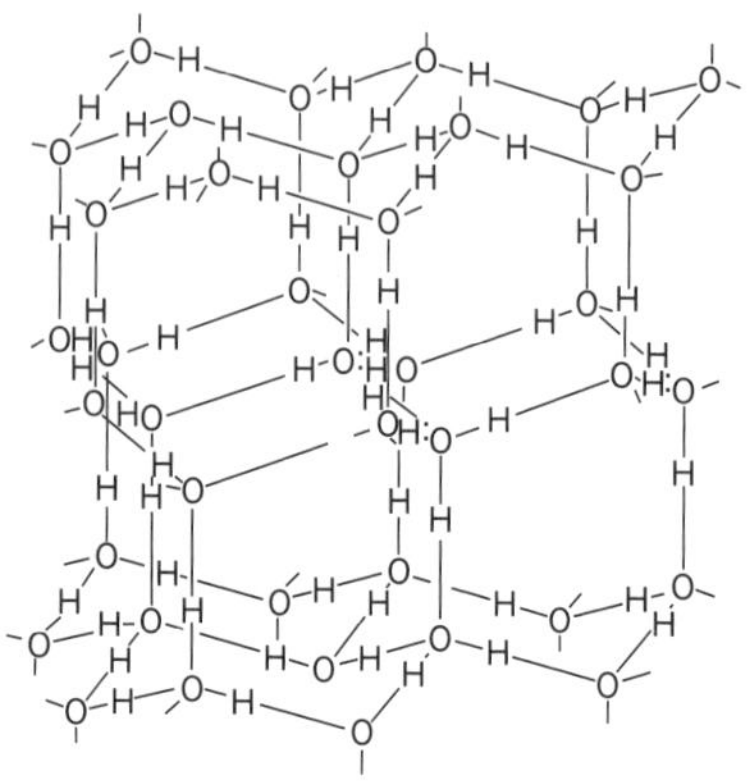

氷の水素結合

ニアの窒素と水の酸素は非共有電子対をもち、かつH^+になりたい傾向が強い水素原子を持っているので、この力で分子同士が引き合い、実質的な分子量は大きくなります。アンモニアのN原子の非共有電子対と水素原子は中程度の力で引き合うので、融点や沸点はメタンより高くなります。水分子のO原子ではさらに強い力が働くので、融点や沸点はもっと高くなります。このため酸素の非共有電子対と水素原子（イオン）との結合を特別に「水素結合」と呼んで、しばしば点線で表されます。

　地球上で水が液体のままいるのは水素結合のお陰です。また後述するようにタンパク質のらせん構造も水素結合のお陰なのです。さらに新エネルギー源として注目のメタンハイドレートも水の酸素とメタンの水素の間の水素結合で固体になっています。

Column

酸と塩基の定義

塩酸や硝酸のように水素イオン（H^+）を含む水溶液を「酸」といいます。一方、水酸化ナトリウムやアンモニアのように水酸化物イオン（OH^-）を含む水溶液を「塩基（アルカリ）」といいます。H^+ と OH^- を同じ量混ぜると水（H_2O）ができ、この現象を「中和」といいます。

化学の研究が進んで水素イオンを含まない有機溶媒が使われたり、固体を含む反応を扱うようになって、酸と塩基の考えを変える必要がでてきました。

そこで酸と塩基の歴史を見てみましょう。

（0）錬金術時代

酸→すっぱい。塩基→にがい（ぬるぬるする）。

（1）アレニウスの考え

水に溶けて水素イオンを放出する物質→酸

水に溶けて水酸化物イオンを放出する物質→塩基

（2）ブレンステッドの考え（有機溶媒にも使える）

酸：水素イオンを放出する物質

塩基：水素イオンを受け取る物質

（3）ルイスの考え（固体にも使える）

酸：非共有電子対を受け取る物質

塩基：非共有電子対を与える（持っている）物質

（2）は（1）を説明できます。

（3）は（1）も（2）も説明できます。

（3）は第5章の生体内の反応、とくに金属イオンの反応を理解するのに役立ちます。

13 酸素が窒素と結合すると
―酸素・窒素化合物のふしぎな性質

酸素は他の物質と結合してもその力を発揮します。この特異な性質を理解するために、お隣の窒素分子の性質を見てみましょう。

窒素分子は原子同士が三重結合して強く結合していて、非常に安定な物質です。大気中では活性な酸素分子と何事もないように共存しています。大気中の酸素を燃焼などで取り除くと後に化学的に安定な気体が残ります。この気体中では動物は死んでしまうので「毒のある空気」と言われ、「窒息する」などと言われて、安定で無害であるにもかかわらず悪者にされています。

ところで、この窒素は、土壌中のバクテリアによって分解され、アンモニア態の窒素になって植物の生育に欠くことができない有用な物質に変わります。アンモニア態窒素は結合手を1本もつ$-NH_3^+$（または中性の$-NH_2$）という形で必ず含まれている重要な生体構成物質です。

一方、空気中で放電すると、頑固な窒素分子はちぎれて酸素と結合して、窒素化合物、いわゆるノックス（NO_x）を作ります。Xは0・5、1、2のような整数に準じる数ですが、複数の分子の混合物なのでX（未知数）という記号を使います。

亜酸化窒素（N_2O）（上の表現ではX＝0・5）は「笑気」と言われ、これを吸い込むとけいれんを起こして笑ったような顔つきになることから、この名前が付けられました。現在のような有効な麻酔薬がない時代、亜酸化窒素は麻酔薬として使われていました。二酸化窒素（NO_2）は褐色で水と反応すると硝酸（HNO_3）ができ、人体に有害であるとともに酸性雨の原因にもなっています。安定な窒素分子がアンモニア態窒素や窒素化合物に化学変化するとさまざまな物

窒素の諸形態

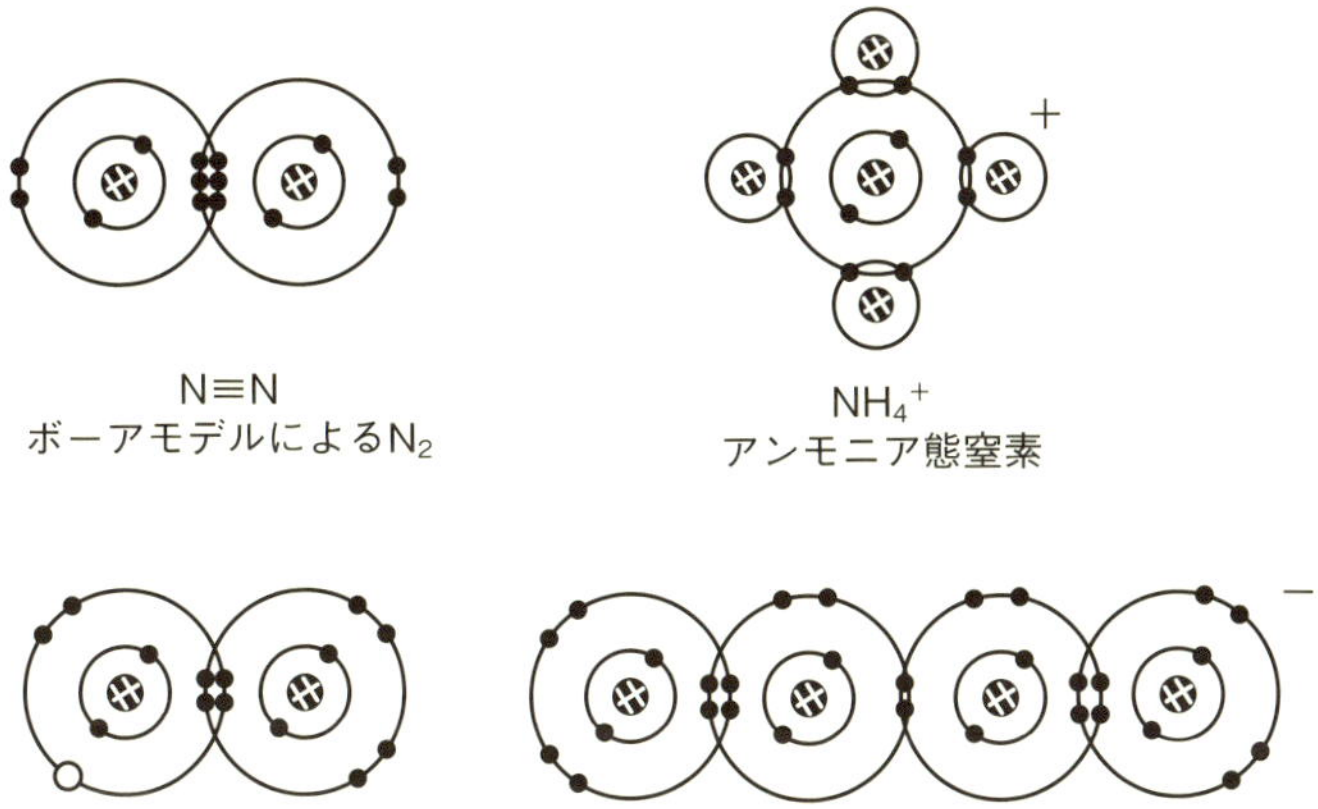

N≡N
ボーアモデルによるN_2

NH_4^+
アンモニア態窒素

·N=O
波動力学によるNO

$O=N-O=O^-$
パーオキシナイトライトイオン
（硝酸イオンNO_3^-とは異なる構造）

質と反応を起こすことになります。

一酸化窒素（NO）は分子構造が酸素分子に似て1個の不対電子を持っています。1990年代以降、この一酸化窒素が医学の分野で注目を浴び続けています。生体内では一酸化窒素を産生するタンパク質の一種、一酸化窒素合成酵素（NOS）によって作られます。一酸化窒素合成酵素は酸素がアルギニンを酸化して一酸化窒素を作るときの触媒の役割をします。一方、同じ生体内の別の経路では、酸素分子が還元されて超酸化物イオン（O_2^-）ができます。

生体内で一酸化窒素と超酸化物イオンは互いに不対電子（ラジカル）を1個ずつ出し合って結合し、パーオキシナイトライトイオン（$ONOO^-$）となります。パーオキシナイトライトイオンは単純な化学式では硝酸イオン（NO_3^-）と同じですが、構造式は全く異なります。パーオキシナイトライトイオンはがんを誘発する有害な物質と位置づけられています。しかし血流促進作用や神経伝達などと関わって生命体の維持にはなくてはならない物質でもあります。

14

酸素と炭素
―生体物質の主役炭素と脇役酸素

地球は小惑星が衝突し合ってできました。地球上の水については小惑星やすい星と結びつけられて多くの議論がされていますが、炭素についてはまだあまり議論されていません。この中で炭素質コンドライトを多く含む小惑星は地球生命誕生の有力な候補の一つです。近く打ち上げが予定されているはやぶさ2号も生命の起源を求めて炭素質の小惑星（1999JU3）をターゲットにしています。

炭素は小惑星中でカーバイド（金属と炭素の化合物）や有機物の形で見つかっています。小惑星は温度が低いので有機物は安定にできますが、原始地球の高温のマグマ中で存在していたかどうかは不明です。炭素の多くはマグマ中でカルシウムなどと結合して炭酸塩となって地表にたまりました。現在、炭素の多くは有機物（植物の成分）や無機物としては炭酸カルシウムのような固体、またごく少量は大気中の二酸化炭素として酸素と結合しながら存在しています。

この炭素と酸素の関係を化学的に見てみましょう。

ボーア理論と八隅説によれば、二酸化炭素は安定な物質として存在します。次に炭素と水素が結合したメタン（CH_4：地表付近に多量に存在）を順次酸化していくと、生命と深く関わる物質にたどり着きます。その様子を左頁の上の図に示します。

最も酸化の進んだギ酸の（$-COOH$）はカルボキシル基と言います。動物の主な構成要素はタンパク質で、20種類のアミノ酸の組合せからできています。アミノ酸には炭素原子の両端にアミノ基（$-NH_2$）とカルボキシル基（$-COOH$）があり、タンパク質は両端のアミノ基とカルボキシル基が交互に結合（ペプチド結合）し、これが何千、何万個結合してできています。

メタンを酸化していくとギ酸にたどり着く

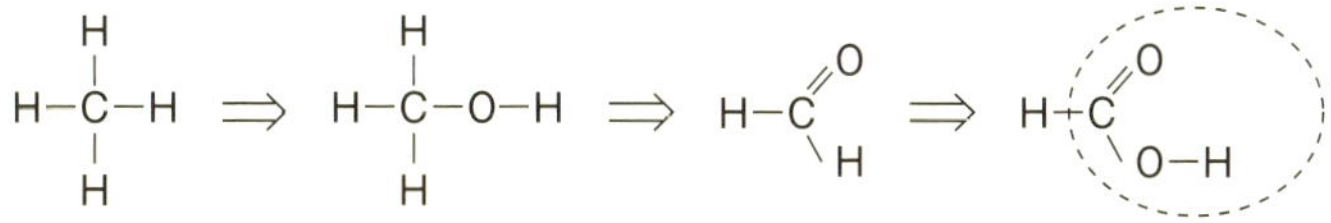

メタン　　メタノール　　ホルムアルデヒド　　ギ酸

タンパク質の構造

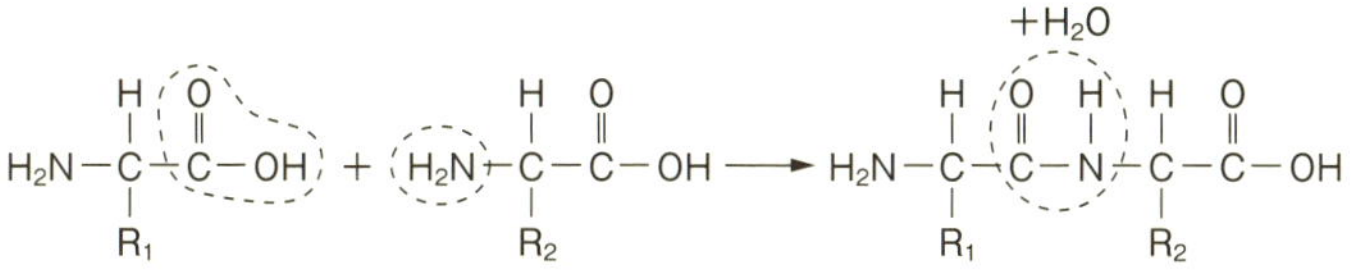

カルボキシル基　　アミノ基　　ペプチド結合

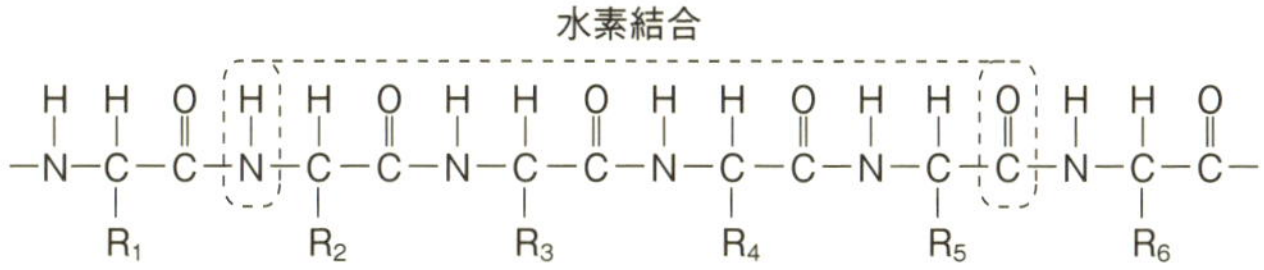

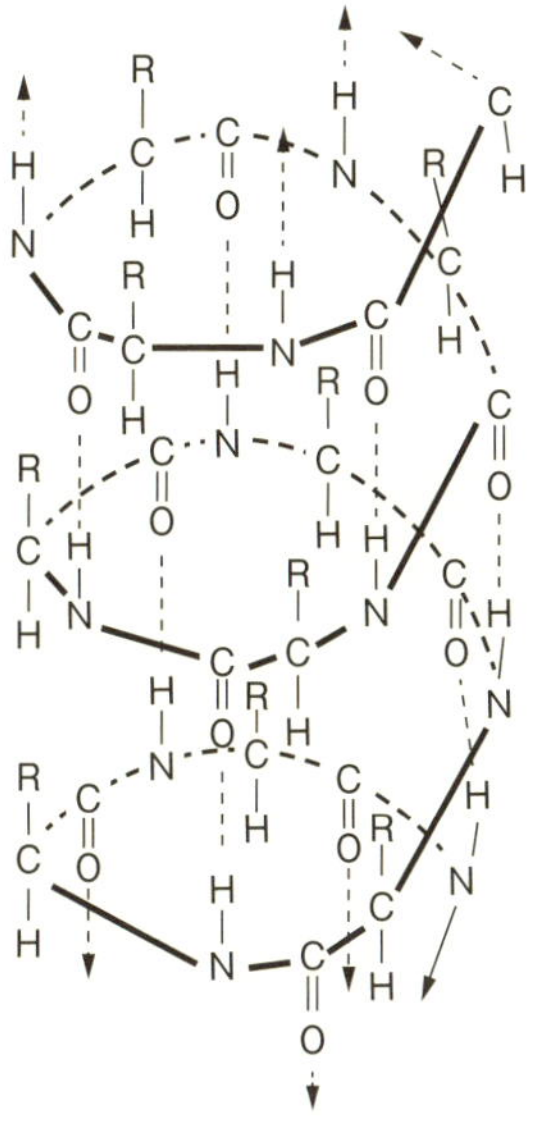

グルコースとそれが連なったセルロース

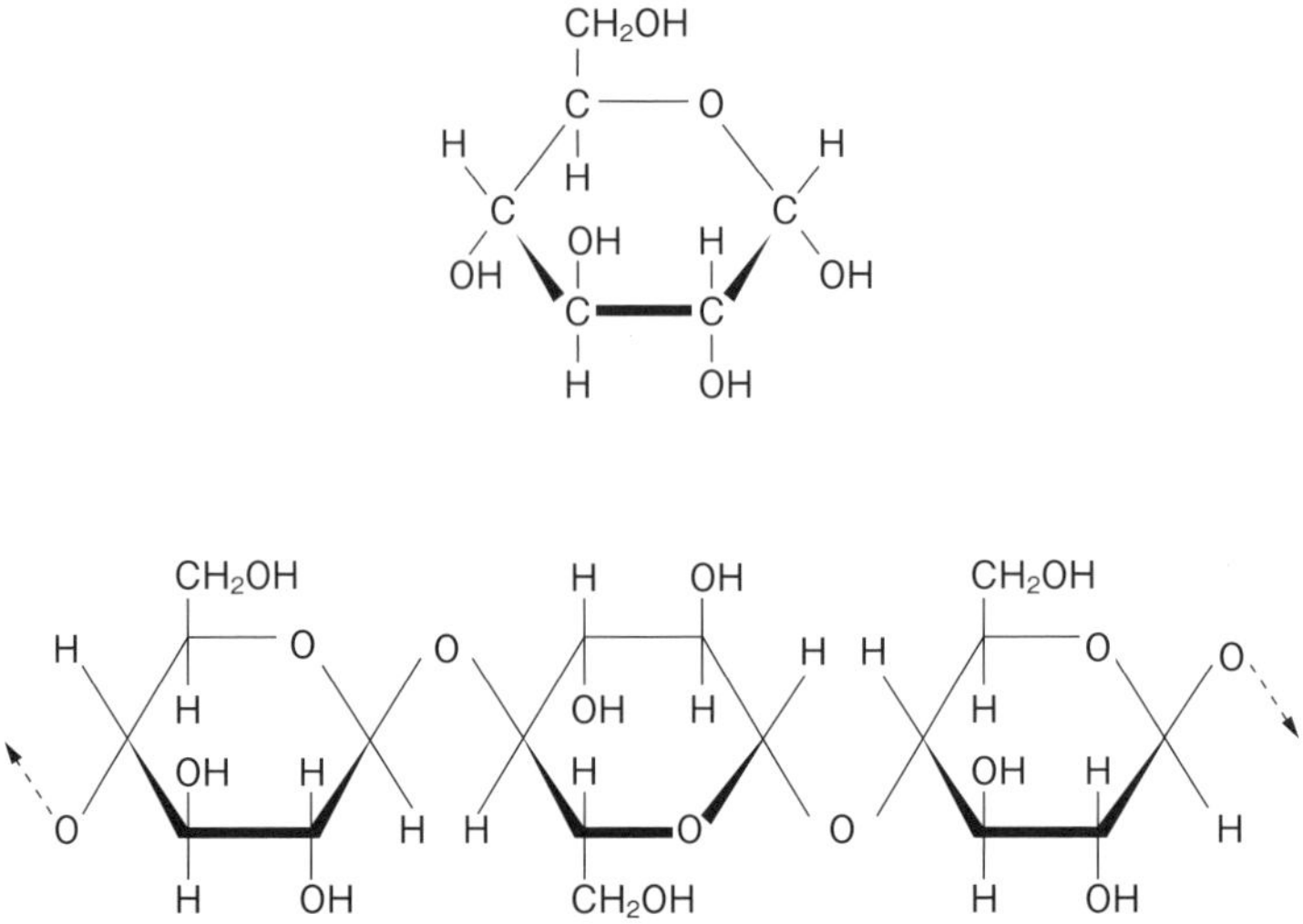

その骨格は—C—C—N—C—C—です。

ところで酸素はどうなったのでしょうか。

前頁の下の図にタンパク質の構造式を示します。窒素原子に結合した水素（—C—H）とそこから11個も離れた炭素原子に結合した酸素（—C=O）が水素結合によって引き合います。その結果、立体的に見るとタンパク質はらせん構造をもち、生命体を形作る基本構造になっているのです。

次に植物の外形を支えるセルロースを見てみましょう。その基本単位は糖（$-C_6H_{10}O_5-$）で、最も簡単な糖を「単糖類」といい、グルコース（$C_6H_{12}O_6$）がその代表です。この単糖は間に—O—を介して直線的にたくさん連なってセルロースを作ります。デンプンはその双子の兄弟です。

後の章で詳しく説明しますが、生命体での酸素の役割はラジカルの形が「華」ですが、生命体の骨格を成す炭素と炭素の間に入って柔軟な骨格を作り上げる水素結合は陰の力持ちとも言えるのです。

第3章
地球と酸素
—地球表面は酸素だらけ

15 地球の酸素はどこからきた

——岩石・土壌・海・大気

ビッグバン直後に大量に生成した水素とヘリウムは、引き続き起こった核融合などでもっと原子番号の大きい元素へと変化していきました。そして現在の宇宙では、酸素は水素、ヘリウムに次いで第3番目に多い元素と言われています。その観点からも地球にたくさんの酸素があっても不思議はありません。それらは一体どこにあるのでしょうか?

地球はたくさんの小惑星が衝突してできたということはほぼ間違いない定説となっています。宇宙規模では塵とも言われているほどの小惑星は、太陽系では火星と木星の間にたくさん散らばっていて、地球誕生の秘密を解き明かす重要な存在になっています。それらは組成によって大きく3つに分類できます。ニッケルと鉄が主成分の金属質、ケイ素質、炭素質の3種類です。図に地球の断面図を示します。鉄とニッケルは密度が7・9と8・9g/㎤と大きく、地球の中心部で金属状の核を形成して、ここには酸素はあまりないようです。一方、ケイ素質小惑星の主成分は密度が小さく、酸素を多量に含むケイ酸塩(石英やケイ酸マグネシウムで2・7、代表的な岩石であるかんらん石で平均3・5)で、地球内部のマントルや表面付近の地殻(岩石や土壌)を形成しています。地球が岩石質惑星と呼ばれるのはこのためです。はやぶさ1号が探索した「イトカワ」もケイ素質と考えられていて、現在はやぶさが持ち帰った試料の分析が進んでいます。

さて、我々の身の回りに多量にある土壌はどこから来たのでしょうか。土壌は岩石が風化して地表にたまったものと考えられています。しかし、化学的な組成は岩石に似ていますが、立体構造はまったく異なります。

マントルの構造

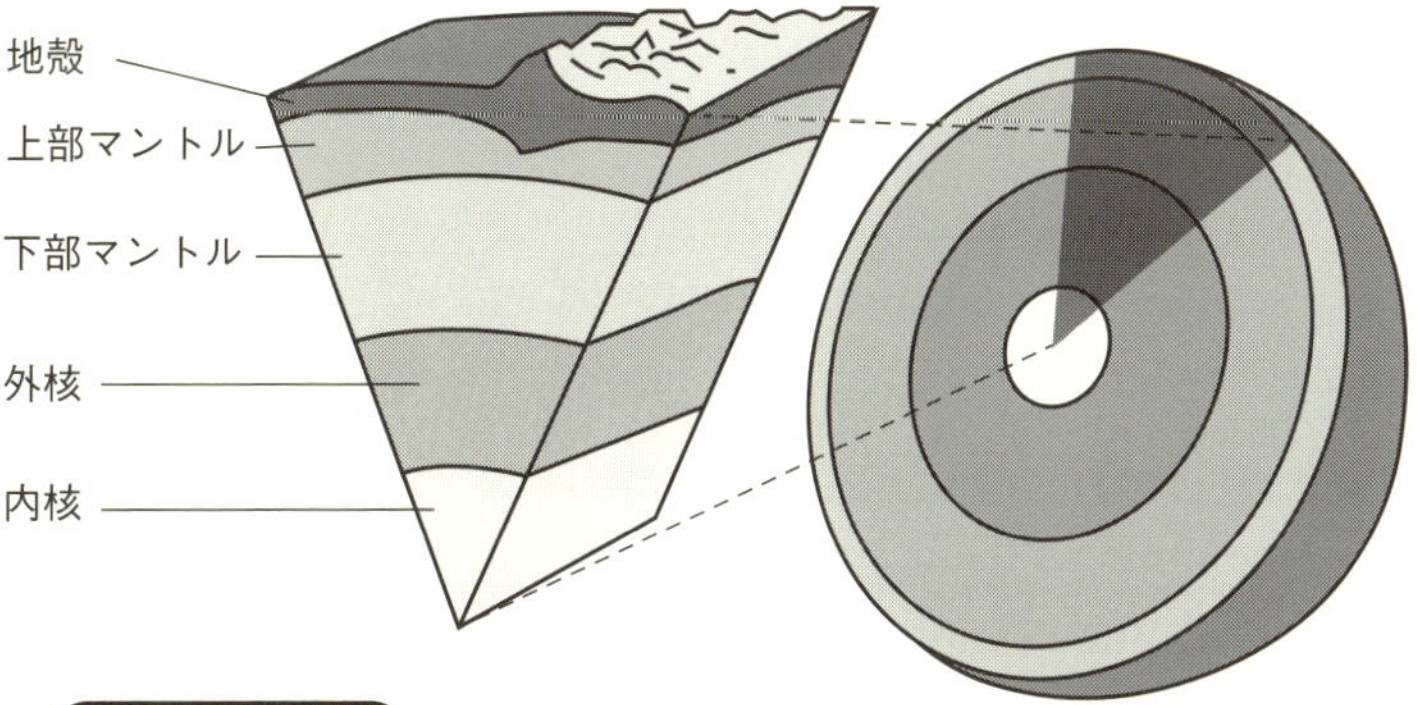

アイソン彗星

提供：JAXA

小惑星イトカワ

提供：JAXA

さて、川や海を形作る水（H_2O）はどこから来たのでしょうか。水は地球全体としてはごくわずかしかありませんが（質量比で0・03％）、表面には海としてたくさんあるように見えます。この水は小惑星自体にもかなり多量に含まれていると考えられています。事実、地球に降り注ぐ隕石コンドライトの中には約15％も水を含んだものが見つかっています。また、ハレーすい星のような氷の塊から来たという説もあります。大気中の酸素はその水から発生したもので、本書でも各所で触れることになります。

第1章でも触れましたが、地球表面付近での元素の含有比はクラーク数で説明されています。なかでも約50％を占めるのは酸素です。そして，その大部分は水も含めて酸化物として隠れているのです。

16 岩石と酸素
―マグマが固まった岩石の美しい形

第2章では炭素を助ける酸素の話をしました。ここでもう一度、周期表を見てみましょう。炭素とケイ素は同じ4属で兄弟関係、どちらも4本の結合手をもっています。炭素は4本の手を使って生命を彩る有機物を作ります。一方、ケイ素の4本の手は酸素の2本の手と協力して岩石、宝石、セラミックスなど無機物の芸術を生み出します。

クラーク数は地球のごく表面付近に存在している酸素の性質を表しています。しかし、表層を形成する地殻や海の下、かなり深い部分にまで多量の酸素とケイ素がマントルとして存在しています。

マントルは地下数十㎞から2900㎞あたりに存在していて、上部マントルはかんらん石という岩石でできています。これはマグネシウムイオンや鉄イオンと結合した二酸化ケイ素（Mg_2SiO_4やFe_2SiO_4）で、密度は3・2～3・8g／cm^{-3}です。また、下部マントルも化学的な組成は上部マントルと同じですが、圧力が高いために原子が密に詰まった結晶形（ペロブスカイト形）に変わります。

マントルは三次元的に成長した結晶で、高温・高圧下で固体の形を保っています。このマントルの中にプレートテクトニクス運動で表層にあった地殻が潜り込み、マントルと混ざると溶けてどろどろとしたマグマができます。

一般に異なる結晶が混ざり合うと融点はかなり低くなります。そして多くの場合、冷やすと元の物質の微結晶の混合物に戻ります。例えば、塩化カリウム（KCl）と塩化リチウム（LiCl）を混合すると、塩化カリウム（KCl）の融点が776℃であるのに対して混合物の融点は380℃まで低下します。

溶けたマグマが火山などとして地表に吹き出ると、冷やされて花崗岩や堆積岩のような多様な岩石ができます。火山性岩石は地表近くにあったアルミニウムイオンを多く含み、密度がマントルよりかなり小さい物質です。火山性岩石には原子やイオンが規則正しく配列して、外見上整った形をした大小さまざまな結晶がたくさん含まれています。我々が宝石と呼んで珍重しているものは比較的大きなサイズの結晶です。

岩石の主成分であるケイ酸塩は$SiO_4{}^{4-}$が骨格となって連なった構造をしています。4個のO^{2-}は反対側のケイ素や金属イオンと結合しているので、ケイ素から見ると組成は水晶と同じSiO_2になります。O^{2-}と結合する金属イオンの種類（マグネシウム、鉄、アルミニウムなど）やそれらの入り込み方で多彩な岩石や美しい結晶が生まれ、さらにチタンやクロムなどのイオンが微量混入すると美しい色を呈します。

図はマントルの主成分であるかんらん石の例で、ケイ酸塩中の酸素はケイ素と強い共有性の力で結ばれ（八隅説参照）、正四面体を作っています。

ここで、結晶の外見から始まった物理的な見地から見た「原子説」に触れましょう。

酸素はケイ素とケイ素をつなぐ役割をして結晶中に最も多数含まれている元素です。岩石とは生成の原理は異なりますが、地表に多量に存在している石灰岩を見てみましょう。その成分である炭酸カルシウムの結晶は平行六面体で、何回割っても同じ方向の面が出ることから「方解石」と呼ばれています。「波」で有名なホイヘンスは、こ

かんらん石（六角形）

かんらん石結晶の「単位胞」

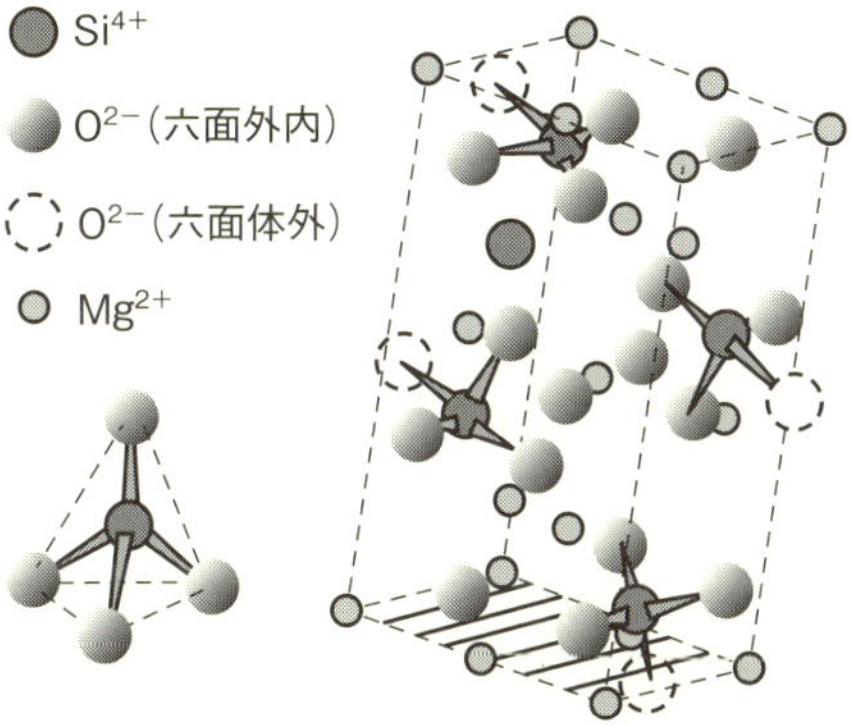

Si_4正四面体骨格　　かんらん石結晶構造

方解石（$CaCO_3$）

ホイヘンスの考えた結晶

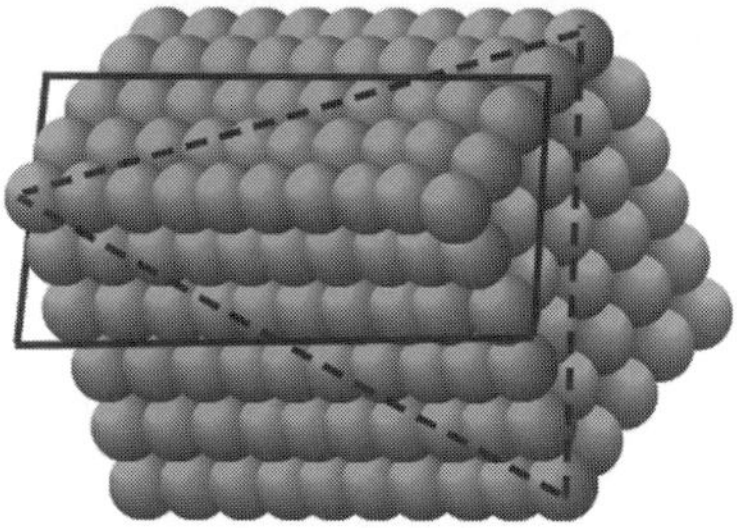

実線：壁界面

の結晶の外観から小さな球が規則正しく積み重なったものだと考えました（この球が原子に対応します）。1690年のことです。

ところで、サラサラして粘性の低い玄武岩でできた火山（富士山が代表）の近くには大きな六角柱の岩がむき出しになった場所があり、滝と同じ場所に多くみられます。富士山付近では伊豆にある河津七滝の一つ大滝《おおだる》で間近に見ることができます。

かんらん石結晶の最小単位（単位胞）の底面は平行四辺形で、これが3つ集まると六角形になります。一方、水晶（SiO_2）の結晶の基本である$SiO_4{}^{4-}$の底面は正三角形で、これが6個集まっても六角形になります。

自然界で産出する結晶は、四角形を基本とするものと六角形を基本とするものしかありません。四角形を基本とする結晶にはダイヤモンド、岩塩、みょうばんなどがあります。一方、天然に算出する結晶の多くは六角形を基本とした形をしています。

0・11nm（10^{-9}m）の大きさの原子やイオンが数十億個集まっても、基本となる数個の原子やイオンの配列で決まる単位胞の形を、数㎝の結晶どころか玄武岩の作る巨大な六角柱まで保持していることは自然の驚異と言えるでしょう。

美しい結晶の外観から「自然界の結晶は7つの結晶系とそこから派生する230の空間群のいずれかに分類される」という「結晶学」が生まれました。1860年頃のことで、X線によって原子やイオンが実験的に確認される50年も前のことです。つまり、人類（物理学者）は原子やイオンを直接見ることができなかったにもかかわらず結晶の外観だけからこの学問体系を作り上げました。その英知には驚くほかはありません。

結晶が原子やイオンの規則正しい配列をしたものであることは、１９１２年にラウエがＸ線を結晶に当てて始めて実験的に確かめました。Ｘ線結晶学の誕生です。この実験は同時に、「謎の光線Ｘ線」は可視光線の仲間で、波長の短い電磁波であることも証明しました。

大理石（大谷石）

ラウエ斑点の例

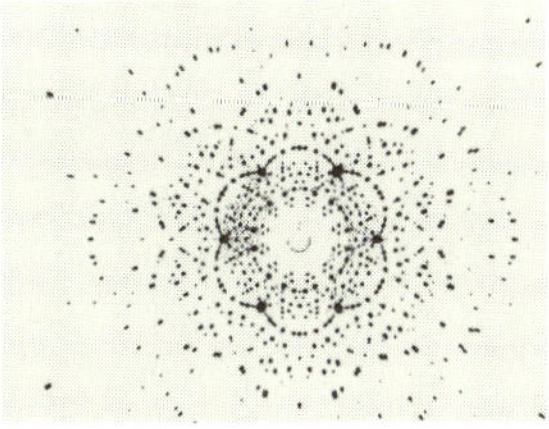

みょうばん（正八面体）

玄武岩の六角柱

石英（水晶：六角形）

ルビー（Al_2O_3：六角形）

提供：秋田大学国際資源学部附属
鉱業博物館

低圧合成ダイヤ（正八面体）

17 土壌と酸素
―植物を育む土壌の秘密

さて、火山からマグマとして吹き出し、固まった岩石はその後どうなるのでしょうか。ここにも自然の驚くべきドラマがあるのです。

まずマントル、火山性岩石、土壌（粘土）の違いを見てみましょう。

マントルの主成分であるかんらん石には酸化アルミニウムが含まれていないことが注目されます。しかし、地殻にある玄武岩などの火山性の岩石には多量の酸化アルミニウムが含まれ、隕石にも数％含まれています。

地球が小惑星の衝突で大きくなった初期、地表を覆っていた溶けたマグマが冷えて固まっていくとき、密度が高い物質は地球中心に集まり、地表付近は密度が低い物質が集まったはずです。つまり、地表付近には密度が低くアルミニウムを多く含むケイ酸塩である長石など、その下に密度が長石より大きいコンドライトが集まったと考えられます。

マグマは、表層部分のアルミニウムを多く含むケイ酸塩を含むプレートが地中に沈み、マントルと混ざって溶けてできたと考えられます（水が混入するとマグマができるという説もありますが）。このマグマが地表に噴出したので、火山性の岩石にはアルミニウム成分が多く含まれたのでしょう。

土壌は岩石が「風化」してできたと考えられています。土壌は二酸化ケイ素と酸化アルミニウムが骨格を成すアルミノケイ酸塩が主成分です。両者の決定的な違いは、岩石が三次元的は強固な結晶の集まりであるのに対して、粘土鉱物は強い共有結合で二次元的に広がった平面（層）が互いに弱い力で結びついて幾重にも重なった構造をしています。

粘土鉱物の層の間には水和した金属イオンや各種有

粘土鉱物の層状構造

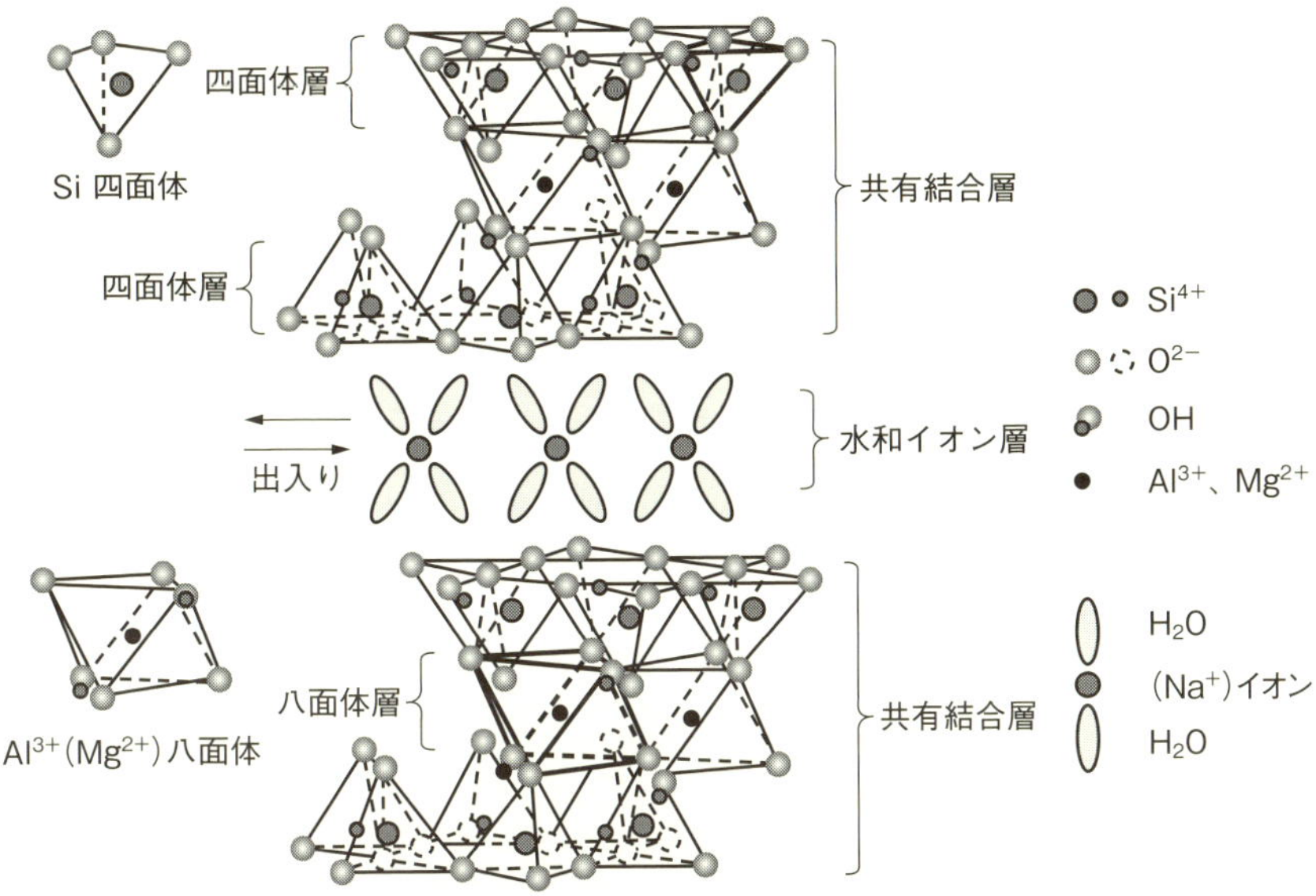

粘土関連物質のいろいろな性質

	隕石（コンドライト：混合物）	マントル（かんらん石）	玄武岩混合物	長石（斜長石）	粘土鉱物（モンモリロナイト）	粘土（関東ローム：混合物）
結晶形	三次元	三次元	三次元	三次元	層状（平板）	層状（平板）
密度	3.4	3.2	2.8	2.6～2.8	1.7～2.3	2.9～3.1（焼成品）
アルミニウム含量(%) Al_2O_3として	1.7―2.5	～0	14～17	18	12～23	26～32
水分含量（%）	1.2―20	～0	～0	～0	＊＊	＊＊

＊＊5～45%：膨潤状態で水分含量は大きく異なる

機物を取り込んで簡単に膨潤します。厚さ1nmが10nmに及ぶこともあり、さらに近年では単一層を剥離することも可能になり「無機ナノシート」と呼ばれています。

図の「水和イオン層」の部分は種々の物質が自由に出入り可能です。この膨潤性と保水力こそ植物が生育できる好条件を生み出しています。関東ロームという粘り気が強く強固な粘土は植物の生育に適していませんが、植物からの腐敗物などを取り込んでできた黒ボク土は植物の生育に最適で、これも粘土鉱物の層状構造とその柔軟な膨潤性のためと言えるでしょう。

18 粘土の生い立ち
─水熱合成のふしぎ

本書を執筆するにあたって、粘土がどのようにしてできたかについて諸般の文献をあたって見ましたが、決定的な記述に出会うことができませんでした。というわけで、この節は著者の独断と偏見と受け取って下さい。

一般的には「岩石が風化してできた細かい粒子が堆積して粘土ができた」という記述が大半です。しかし、前節で述べたように粘土鉱物はれっきとした結晶です。この結晶化の過程について触れている文献はほとんど見当たりません。

長石（$NaAlSiO_3O_8$：六角形）

これらの中で、水で風化しやすい「長石」が粘土鉱物の母体として本命と考える説が説得力があり、多くの科学者が長石の風化の実験をしたと報告されています。長石は「網状ケイ酸塩」とも呼ばれる三次元結晶です。

粘土鉱物は風化を伴わなくても生成は可能です。つまり、原料は「二酸化ケイ素＋酸化アルミニウム＋水＋その他カルシウムのような金属イオン」であれば良質の結晶を作ることは可能ですし、粘土鉱物を作ることも可能です。

左頁の上の図に室温付近の水の状態図を示します。水は超臨界点（374・2℃、21・8MPa＝218気圧）以上では液体と気体の区別ができない流体になり、近年、超臨界流体の特異な性質が注目され、有害物質の除去などにも応用されています。

一方、臨界温度より低い温度、例えば250℃、50

温室付近の水の状態図

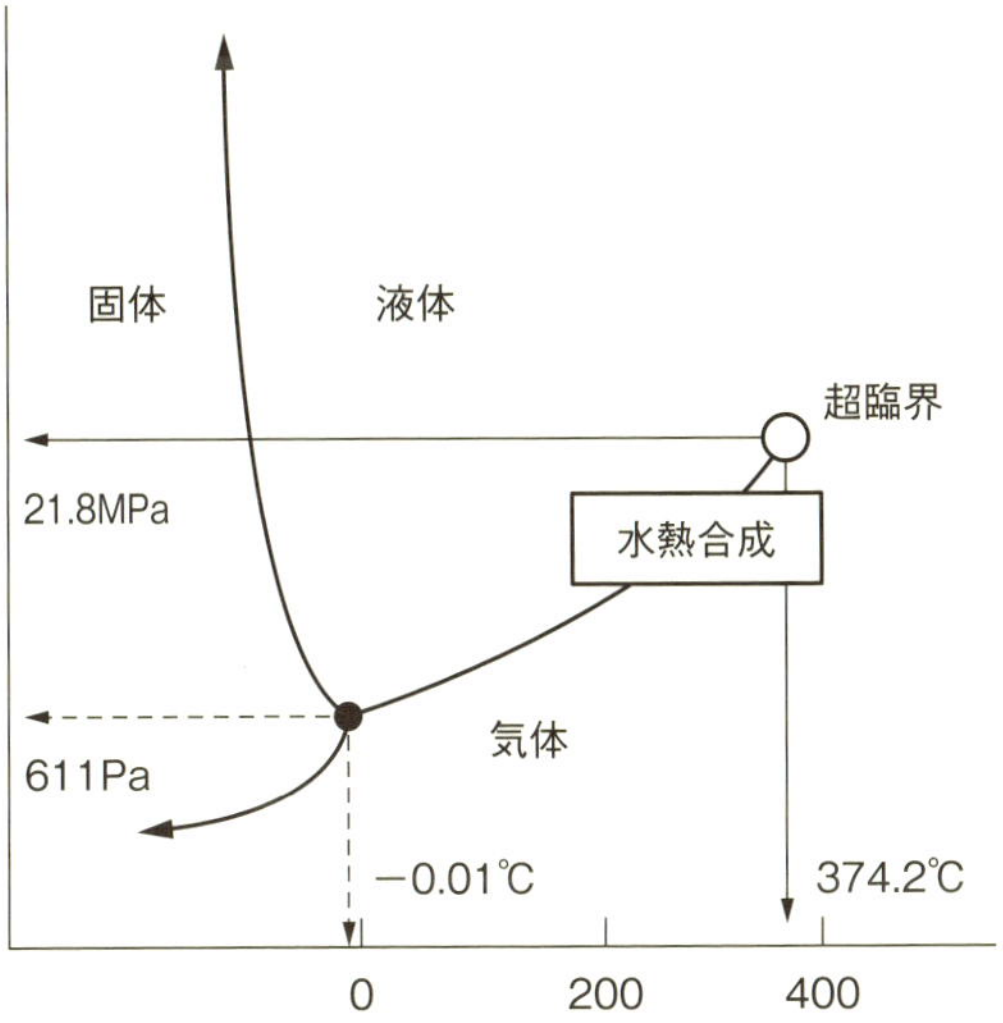

海底堆積物の変質

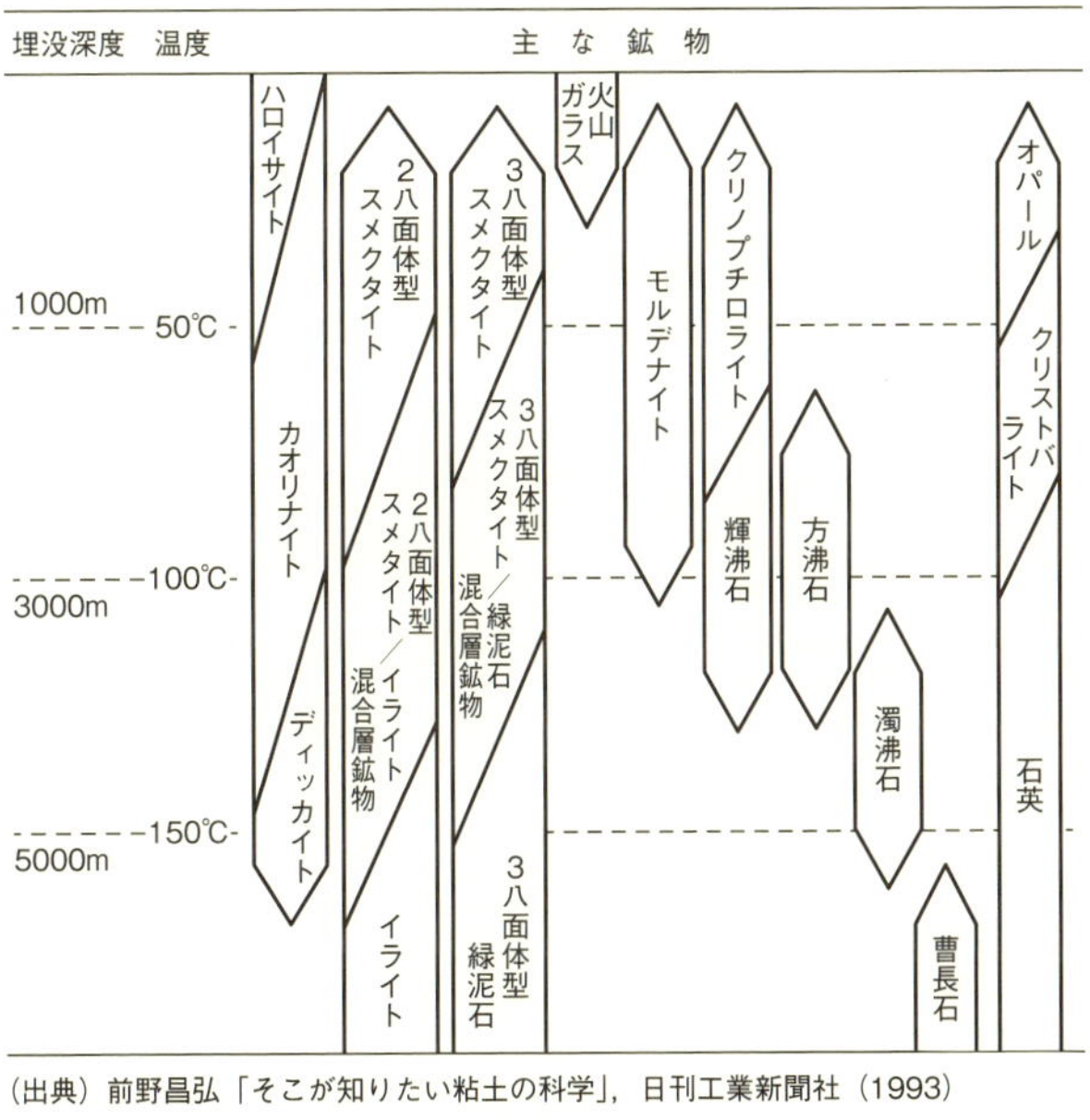

（出典）前野昌弘「そこが知りたい粘土の科学」，日刊工業新聞社（1993）

気圧付近の「亜臨界」状態も結晶合成などに応用されており、これを「水熱合成」といいます。実際、人工水晶や人工オパールの合成に利用されています。

水熱合成の雰囲気は、地球規模でみれば簡単に実現できる条件です。著者は文献を調べていくうちに、前野昌弘著「そこが知りたい粘土の科学」（日刊工業新聞社）に行き当たりました。その中で粘土の生い立ちが論じられており、岩石の風化ではなく海底堆積物の「変質」を取り上げています。前頁の下の図がその説明の図で、大部分が水熱合成の範囲に入っています。つまり、この図は粘土鉱物ができるためには風化は必要ないことを意味しています。

八ヶ岳の裾野を山梨県側から清里駅に向かう国道141号線の清里駅付近には火山灰土層という厚さ1mくらいの粘土層があります。スコップで簡単に採取できるぐらいさらさらしています。かなり新しい層で、岩石が風化して積み重なったというより上から降り注いだものと考えるのが妥当でしょう。一方、関東ロームはツルハシが必用なほど固まっています。しかし、関東ロームも乾燥するとさらさらしていて、外見は八ヶ岳火山灰土とあまり違わないように思われます。粘土層の成り立ちについてはさらなる研究が期待されます。

ちなみに著者が260℃、60気圧付近で水熱合成したリン酸チタンの平板結晶を示します（粘土鉱物類似）。この物質は粘土鉱物と似て層間に種々の物質を取り込み膨潤します。左の写真は細胞膜類似の2原子層を取り込んで層間が数倍膨潤した結晶です。

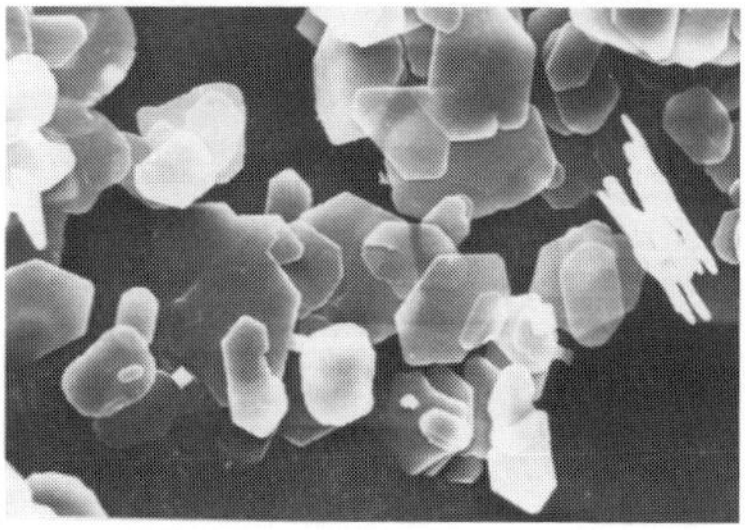
水熱合成したリン酸チタン

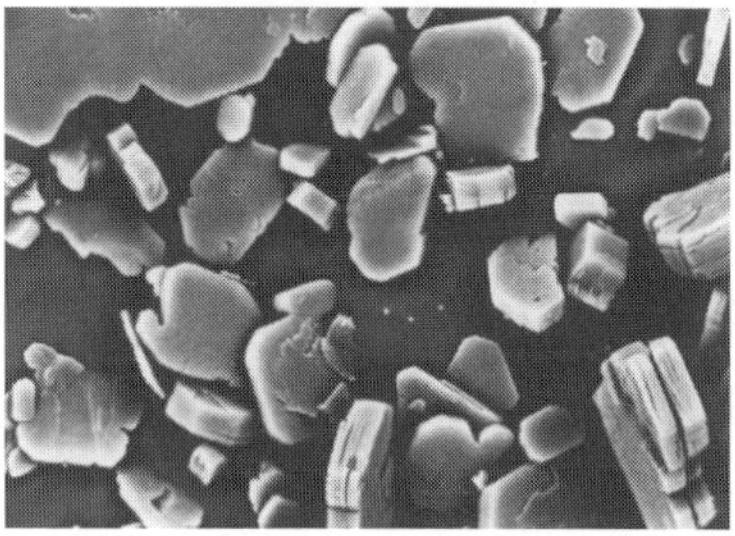
膨潤した結晶

Column

水をきれいにする土
―ゼオライト

大部分の粘土鉱物は共有結合性のSiO_4四面体骨格とAlO_6八面体骨格が作る平板が積み重なった二次元的結晶です。しかし、粘土鉱物にも三次元結晶のゼオライト（和名：沸石）があります。

ゼオライトはSiO_2とAl_2O_3から成るアルミのケイ酸塩で、固有の大きさの孔をもっていて水や分子量の小さい有機分子などを分けることができます。このためゼオライトは分子ふるい（molecular sieve）と呼ばれます。数字で孔の大きさ、ローマ字で結晶の形をたとえば4Aとか13Xのように表します。

1850年、土壌にアンモニウムイオン（NH_4^+）を通すとアンモニウムイオンは除かれ、代わりにCa^{2+}が流出することが発見されました。この反応はイオン交換反応といわれ、土壌の働きは方沸石（ゼオライト）であることが確認されました。イオン交換反応は層状の粘土でも起こり、水の浄化だけでなく福島原発で飛散したセシウムイオンの除去に有効であることが確認されています。

このように土壌には天然水を浄化する力があります。酸素は酸化物としても水浄化に役立っています。

・A型

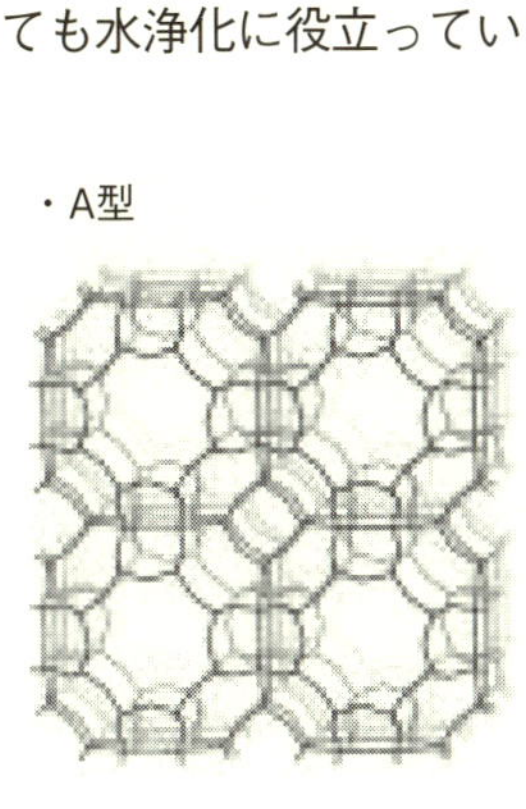

・X型、またはY型

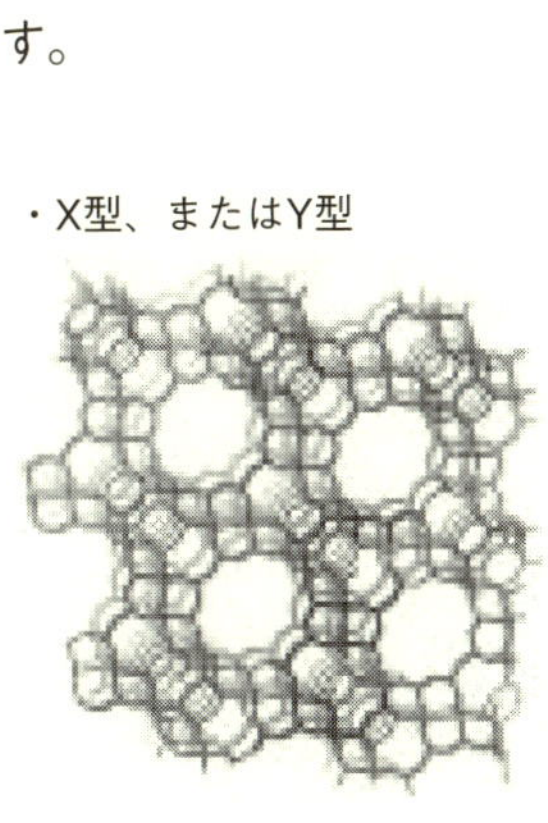

19 海、川、陸の酸素

―地球上の水循環

酸素は岩石だけでなく、地表の約3分の2を占める海の水でも主成分といえます。つまり、原子の数で3分の1、質量では実に89%が酸素です。「水素は水のもと」と言いますが、酸素こそ水のもとと言えるでしょう。水や氷がその外見を保っているのも酸素のもつ非共有電子対の水素結合が主役で、水素はその椅子にちゃっかり座り込んでいるだけなのです。

水は地球の全質量のわずか0・023%しかありません。しかし現在、地球上で繁栄している生物の大部分は「水」、「酸素」、「二酸化炭素」に頼って生きています。この節では地球上の水を少し詳しく見てみましょう。

皆さんは「水文学《すいもんがく》：hydrology」という言葉をご存知でしょうか？ この言葉を理解するためには「天文学」を思い浮かべれば良いでしょう。これは地球上の水の変遷を体系的に取り上げて研究していく学問分野です。図に地球上での水循環の模式図を示します。

前節で述べた粘土鉱物に取り込まれた水も例外ではありません。土壌に取り込まれた水は河川水に比べて数桁多く、川の流れがあたかも悠久であるように流れていることは、土壌に取り込まれた水の量が川の流れを変えないほど大量であることを物語っています。つまり、粘土に取り込まれた水は地球上の水の循環に大きな役割を果たしているのです。土壌は天然水の浄化にも役立っています。その詳細は次の節で説明します。

水は大別して、「海」、「湖沼」、「川」、「土壌」、「地下水」、「大気中」などに分類できます。それらの量は多くの研究者がそれぞれ独自の仮説をたてて計算しています。非常に推定が難しい数値なので、一つの例を表に示します。

最後に本章をまとめましょう。地球は宇宙で3番目に多い酸素が7番目に多いケイ素と結合した酸化ケイ素（SiO_2）が母体となってできていることがよく分かったことと思います。そして、その他の元素、水素（1番目）、マグネシウム（7番目）、アルミニウム、カルシウム（12番目）なども酸素と結合して地球の成り立ちだけでなく、活動をも支えています。

地球上での水循環

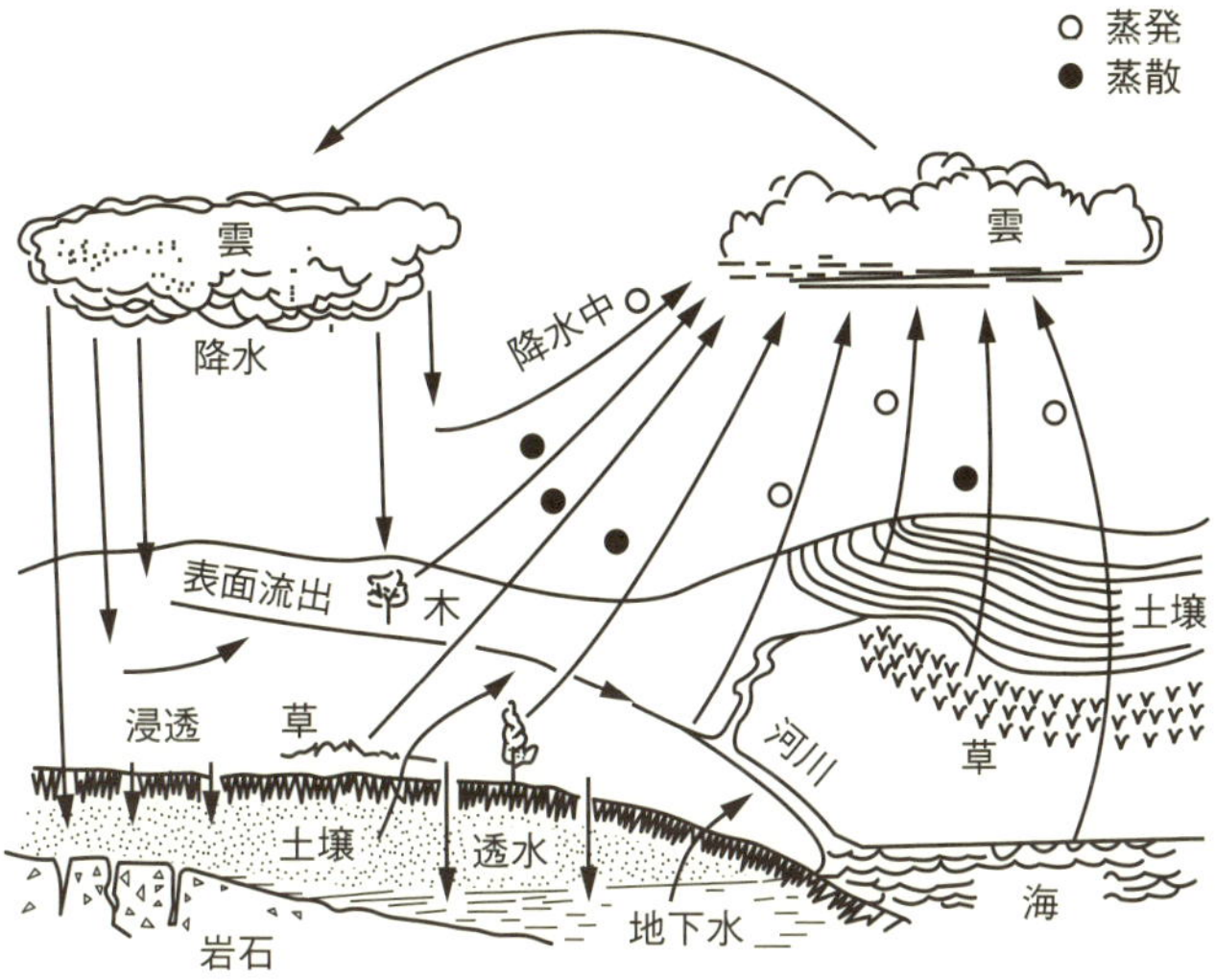

一口メモ

水文学と言う言葉は1933年に生まれたそうです。地道で長く根気の良い実験が必要な分野です。地文学《ちもんがく》や天文学とならんで発展して欲しい分野です。

地球上の水の存在量の例（推定値）

大　気	13
海　水	1,350,000
陸　水	（35,000）
湖　水	219
河　川	1.15
土　壌	25
地下水	10,100
氷　河	24,500
生　物	1.2
合　計	1,385,000

＊単位は×$10^3 km^3$、$1m^3$≒1,000kg

＊（参考）地球の質量：6×10^{24}kg

20 酸素を使った水の浄化

―酸素の環境パワー

前節で述べたように、自然の流れの中にある川でも酸素は浄化作用をもっています。しかし、人間活動で生じた汚れの激しい下水は自然浄化では間に合いません。一方、入水が比較的きれいな上水道でも、ダムは川から引き込んだ水をそのまま飲むわけにはいきません。ここでも酸素が活躍します。

まず上水道を見てみましょう。ここで活躍するのは岩石・土壌とオゾンです。左頁の上の図に上水道の浄化の模式図を示します。臭いのするオゾン（酸素3原子分子：O_3）は放電によって浄水場内部で作られ、水に含まれていた有機物を分解します。この処理を「高度浄水処理」といいます。

次の段階は、土壌や岩石がもっている水の浄化能力です。砂などとしては河川などの自然環境のものを使います。土壌だけでも優れた浄化能力がありますが、天然の土壌は微生物をたくさん含んでいるので、単なるろ過に止まらないで、微生物による浄化作用でさらに効果を高めます。

最終段階は消毒殺菌です。気体の塩素（Cl_2）や次亜塩素酸ナトリウム（NaClO）などの試薬を使う方法があります。以前は塩素消毒を行うとトリハロメタンなど有害物質のカルキ臭（通称「塩素臭」）が問題となっていましたが、現在では前段階のオゾン処理で有機物を取り除いた結果、カルキ臭はほとんどなくなり、ある浄水場では「おいしい水」として販売しているところもあるほどです。

次は、生活排水などを含んでいて大変汚れている下水処理を見てみましょう。ここでも酸素は活躍します。従来は単純に空気を吹き込んでかき混ぜて処理していました。また、ここでは排水を環境中に排出するので

上水道の浄化

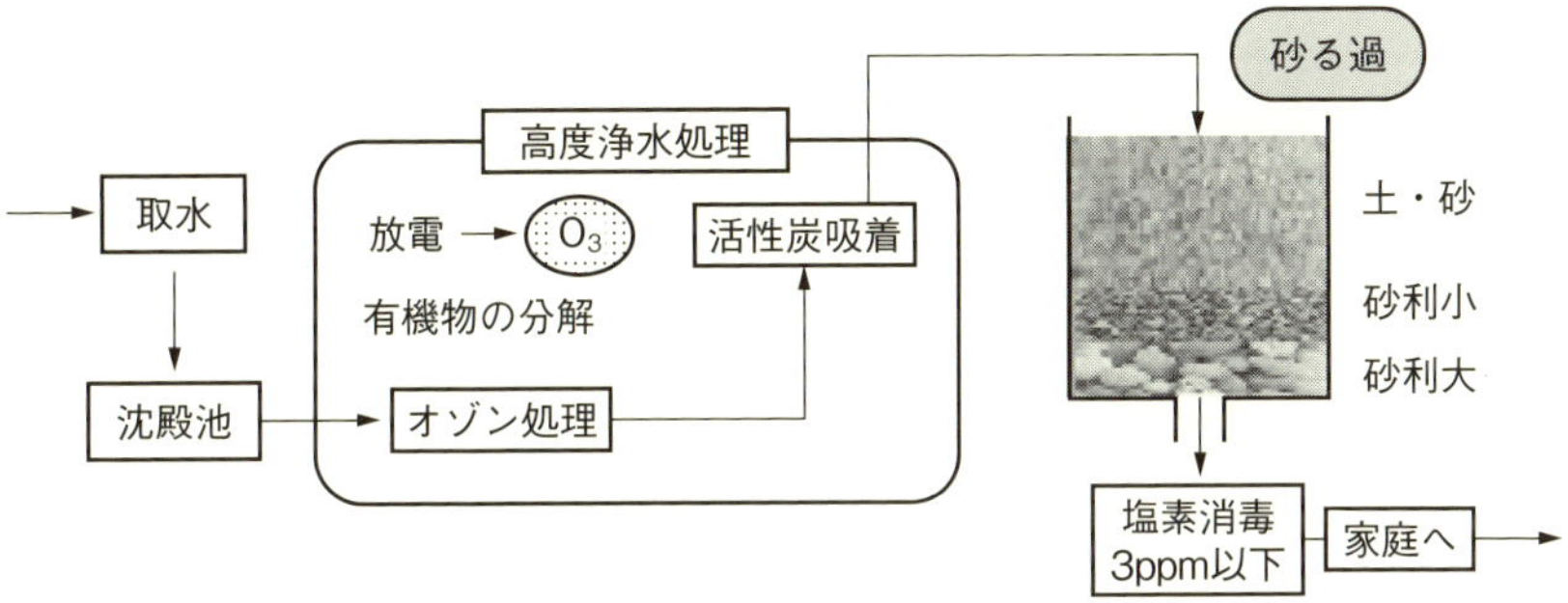

下水道の浄化

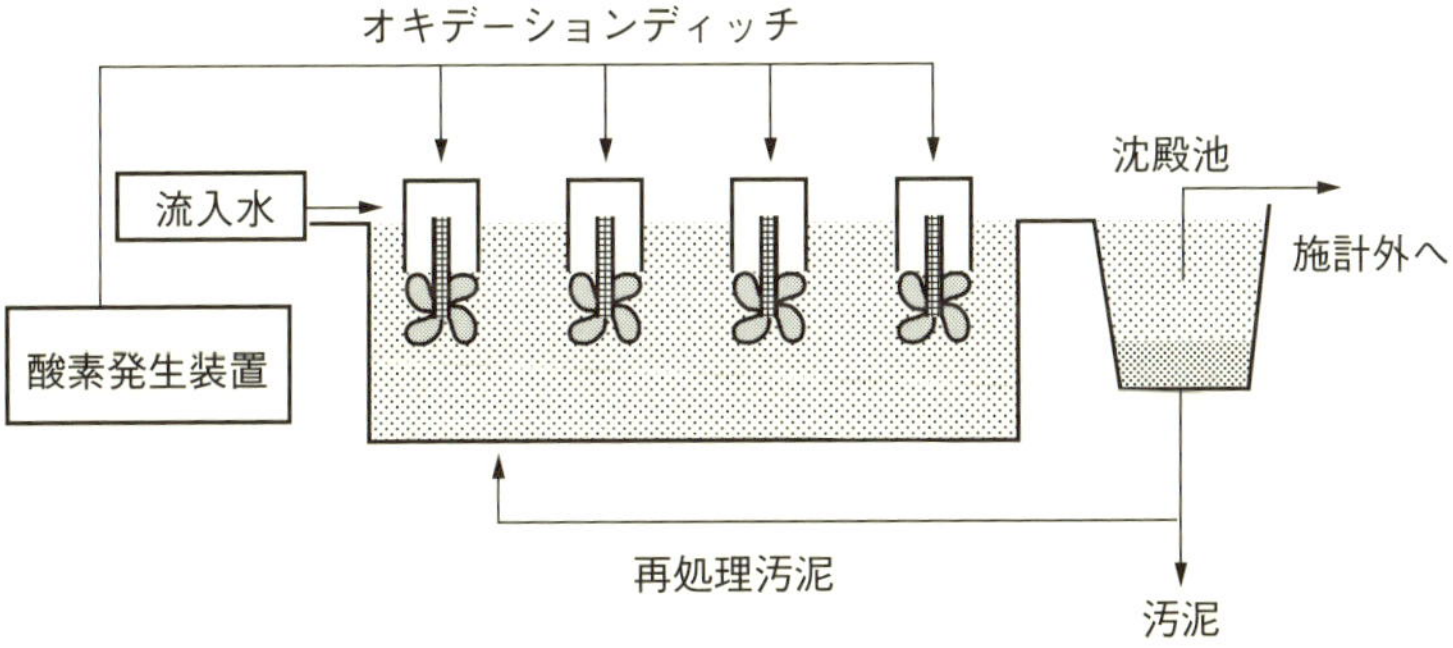

薬品を使用することはできません（浄水場で使う塩素や次亜塩素酸ナトリウムは自発的に分解して無害な酸素、水、塩化物イオン（Cl^-）になります）。近年はその処理速度を速めるために、強制的に酸素を送り込み、かつ激しくかき混ぜて浄化を行っています。この装置をオキシデーションディッチ法といいます（「酸化の水路」の意味）。

　酸素の吹き込み方法や、かき混ぜに使うプロペラなど各社で工夫をこらして市販しています。わざと水しぶきを上げて酸素との接触面を増やすプロペラもあります。

Column

セシウムイオンを取り込む土壌

福島第一原発の事故で飛び散った放射性セシウム（^{137}Cs）は、全てイオンとして散らばっています。当初、このセシウムイオンは地下へは浸透しないでグラウンドや畑の表面部分に集まっていました。その原因は、土壌の成分がモンモリロナイトなど粘土鉱物であるからです。

モンモリロナイトの内部を見てみましょう。二酸化ケイ素と酸化アルミニウムの網の目構造の表面に六角形の穴があることが分かります。セシウムイオンはナトリウムイオンなどを追い出し、この穴の中にぴったりはまり込み、簡単には抜け出せなかったのです。

粘土鉱物にはこのようにサイズぴったりのセシウムイオンを固定化する力があります。

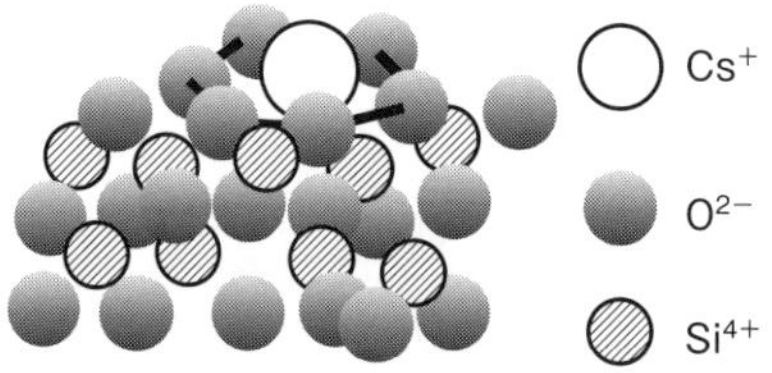

モンモリロナイトの層間にある穴（正六角形）に取り込まれたセシウムイオン

第4章
酸素と金属
—文明は金属とともに

21 人類と金属
―科学技術の歴史は金属の歴史

　金属と酸素および、その化合物である石は人類の進化に重要な役割を果たしてきました。人類は他の動物と違い「道具」を使います。手始めは狩猟に使った石器で、旧石器時代には石をそのまま使っていました。次の新石器時代には石を加工して使うようになりました。たとえば、切り口が鋭い黒曜石です。黒曜石は流紋岩でできていて、二酸化ケイ素が主成分（SiO_2が約70～80％、Al_2O_3が約10％）で、外見はガラス状です。

　次は金属の時代です。自然界で金属は酸素と結合して岩石として存在しているので、初期には天然に手に入る銅などが利用されました。銅とスズとの合金、青銅はその代表です。銅自体は軟らかくて道具としての利用価値は低いものでした。しかし、スズとの合金はある程度の硬さと強度をもっていたので石器に取って代わりました。

　さて、化学の教科書で学習する「イオン化系列」なるものがあります。次の2つの節で詳しく説明しますが、これは25℃の水溶液中で金属がイオンになりやすい順序を示したもので、酸化されやすさの序列を示します。地球表面には水が多量にあるのでイオン化系列は金属の性質を示す一つの指標としてよく使われます。次節の図には横軸に電位の値が記入してあり、これは酸化されやすさを電圧の単位で表しています。ただし、この序列は食塩（特にCl^-）が入ったり、pHや温度が変わると大幅に変わります。

　図の（O_2–H_2O）の線より右は地球上で金属として安定に存在できる金属で、酸素と結合しないで金属として存在できるのは金だけということがわかります。〔（H^+（酸性）–H_2〕より左の金属は水と反応して水素を発生して水酸化物となってしまいます。中性ではFe^{2+}/Fe あたりがその境目になります。

1気圧の下では中間の銅や銀は空気中の酸素と反応して酸化物になってしまい、酸素のある地球上で金属として安定に存在できません。一方、中間の銅、水銀、銀などは、高温だったり酸素が少ないなどの条件が揃えば金属として採掘されることがあります。実際、酸化水銀は500℃を超えると、酸化鉄は200℃を超えると酸素を放出して金属になります。

人類文明の決定的な担い手であった「鉄」は天然ではほとんど見ることができず、赤鉄鉱(Fe_2O_3)や磁鉄鉱などとして産出します。人類はこれを精錬して金属鉄を作りました。鉄器時代の始まりは数千年前にさかのぼりますが、現在もある意味では石器時代が続いていると言えます。

人類の英知は天然に岩石として隠れていたものから酸素を解放し、金属の時代が始まりました。鉄鉱石の産出が少ない日本では砂鉄と木炭を使った「たたら製鉄」が有名です。第1章で述べた燃焼についてのラボアジェの業績を思い出して下さい。「精錬」は「燃焼」の逆の反応です。このとき、燃焼とは逆にエネルギーを大量に消費します。そして。そのエネルギー消費が後の文明に公害という大問題が起こすことになります。

人類文明の歴史

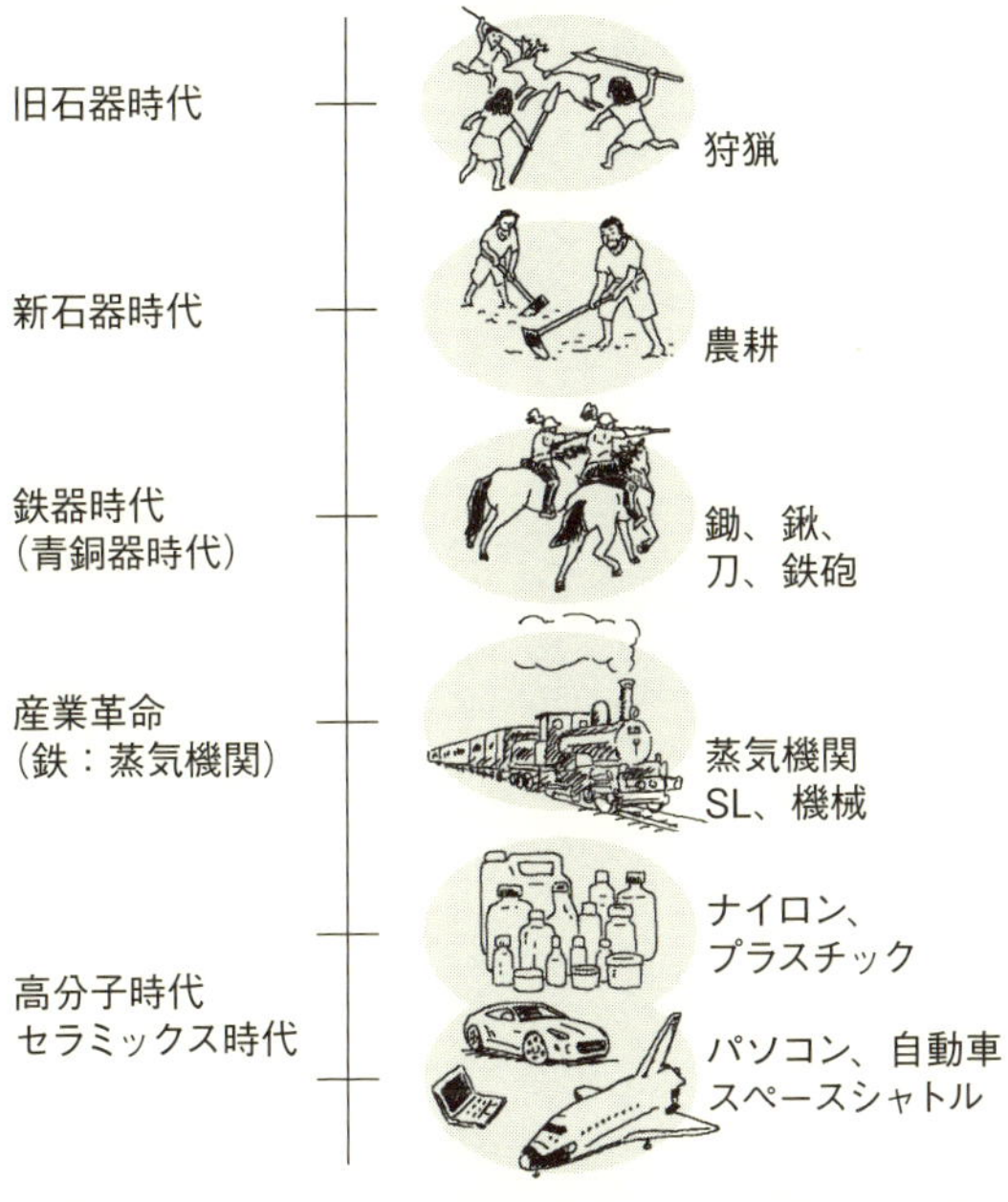

22

金属はなぜ錆びるのか
―酸素の強い結合力の秘密

酸素分子は2個の不対電子をもっていて、それ自身反応性が高い分子です。そして他の物質から電子を奪う強い「酸化」作用をもっています。元となる酸素原子は自分自身は還元されて O^{2-} になります。

酸素原子のもう一つの特徴は非共有電子対です。これは酸化物イオン、水酸化物イオン、水の全てがもっています。非共有電子対はルイスの定義によれば塩基で、図によれば O^{2-} は強い塩基です。

一方、金属原子は金を除けば多かれ少なかれ相手に電子を与えて還元し、自分自身は酸化体であるイオンになります。さらに、この金属イオンは非共有電子対を受け入れるルイス塩基でもあります。図にニッケルや鉄イオンにおいて非共有電子対を受け入れ、酸としての性質をもつ「空の軌道」を示します。

一般には非共有電子対と空の軌道による化学結合を「配位結合」といいますが、酸素の場合には先行する酸化還元反応もこれに加わりますので、その結合は強く、共有結合またはイオン結合として説明されます。実際には両者の中間：「イオン結合性」または「共有結合性」の強さの程度の％で表します。

表に金属と1気圧の酸素から酸化物ができるときの自由エネルギー変化を示します。「自由エネルギー」は酸化物イオンと金属イオンの結合の強さの他に「科学的な乱雑さの程度」も含むので、総合的に見た「結合エネルギー」と思って下さい。金だけがプラスの値をもち、これは金の酸化物ができたとしても自発的に分解して金と酸素になることを意味します。他の金属は全て負の値をもっているので、1気圧の酸素雰囲気では全て酸化物になる、つまり錆びることを意味しています。

酸化物イオン、水酸化物イオン、水の塩基の強さ

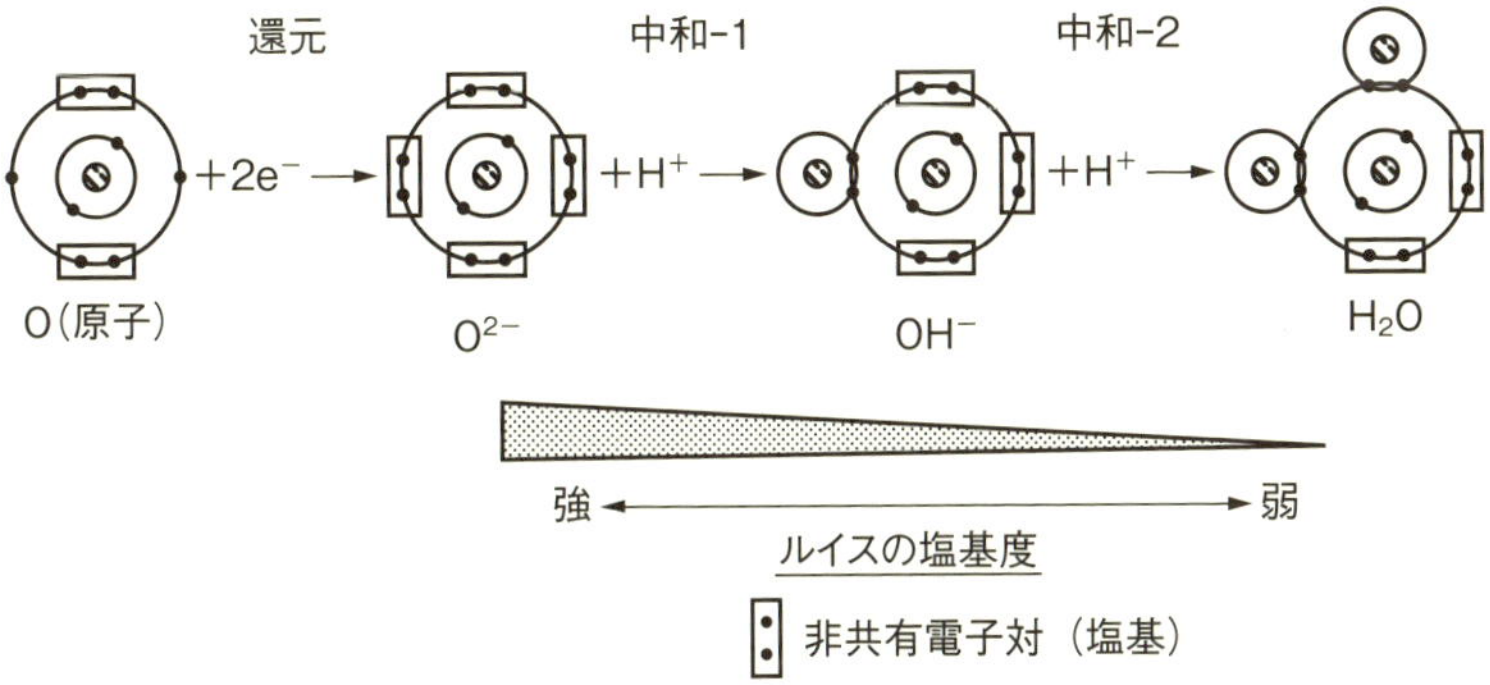

酸素(O^{2-})との結合エネルギーの尺度

金属	酸化物（結晶）	金属イオンの原子価	生成自由エネルギー：kJ（金属原子1モル当たり）
Na＊	Na_2O	1＋	−188
Ca＊	CaO	2＋	−604
Al	Al_2O_3	3＋	−791
Si	SiO_2	4＋	−857
（C）	CO_2	4＋	−394
Fe	Fe_2O_3	3＋	−371
Zn	ZnO	2＋	−318
Pb	PbO	2＋	−189
（H_2）	H_2O	1＋	−115
Cu	CuO	2＋	−130
Ag	Ag_2O	1＋	−6
Pt	PtO	2＋	−48
Au	Au_2O_3	3＋	＋68

＊水があると酸化物は溶けて水和イオンになり、さらに安定化する。

非共有電子対と金属の空の軌道

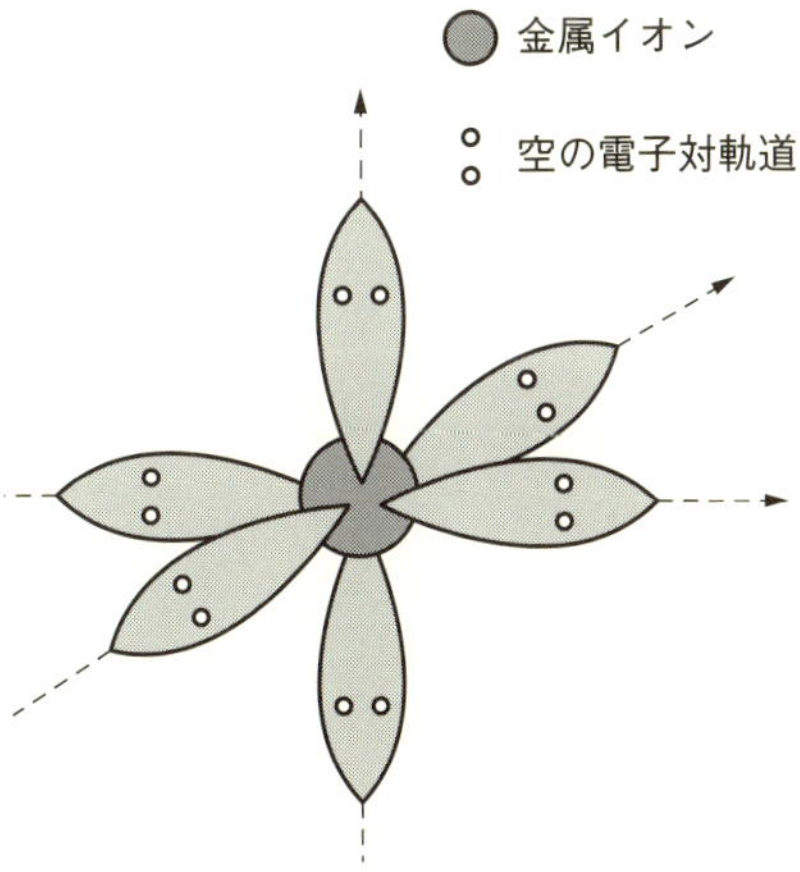

23 鉄、アルミニウム、ナトリウムの精錬

―脱酸素による金属の出現

天然の金属は、ほぼ全て酸化された鉱石のような形で産出するので、何らかの方法でそれを金属としなければなりません。このため外からエネルギーを加えて還元します。代表的な例として鉄の精錬とアルミニウム、ナトリウムの精錬を説明しましょう。この説明には便宜上、水溶液中、25℃での金属のイオン化系列を利用します。

銅や銀の酸化物は「水素」で還元できます。水溶液の場合、電気エネルギーを使えば亜鉛イオンぐらいまで還元可能です。一旦、化学的に精錬した銅を高純度にするときにも電解精錬が用いられています。

酸化鉄は水素では還元できません。電解精錬は可能ですが、三価の鉄（Fe_2O_3）は水にあまり良く溶けないことと、大量の鉄を得るためには電気代が高くかかるので実用的でありません。そこで鉄の精錬には炭素（コークス）が還元剤として使われます。精錬の心臓部は溶鉱炉（高炉）で、内部は１０００℃にも達します。そして最終的な反応は

$2Fe_2O_3$（鉄鉱石）$+3C=2Fe$（金属）$+3CO_2$

と考えて良いでしょう。

酸化鉄は炭素から電子をもらい金属鉄に、炭素は１個当たり４個の電子を失って二酸化炭素（CO_2）になる酸化・還元反応です。

日本では砂鉄と炭を使った「たたら製鉄」があり、日本刀などに使われていました。江戸時代に入り大量の鉄が必要になると、天領の伊豆や佐賀藩などに西洋式の反射炉が建造されました。

次の例はアルミニウムです。アルミニウムはイオン化傾向が高く、水溶液では電気分解法で精錬できません。また、鉄と違って炭素で還元することも簡単には

イオン化系列

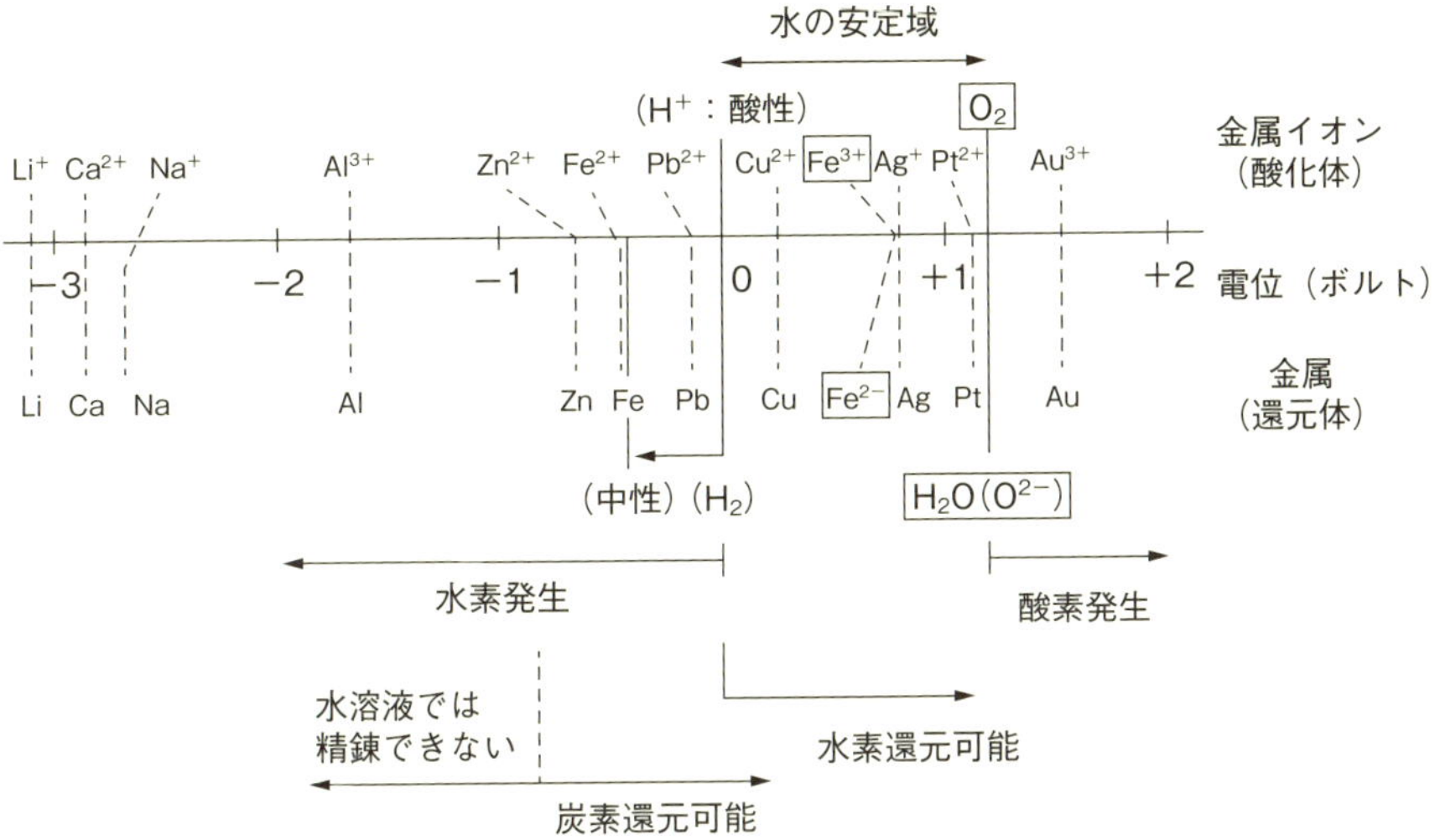

できません。

１８８６年、22歳のホール（アメリカ）とエルー（フランス）が独自にホール・エルー法と呼ばれる精錬法を発明しました。これは、融解した氷晶石（Na_3AlF_6）にアルミナ（Al_2O_3）を混ぜ、炭素を陽極として電気分解する方法です。陽極の黒鉛の作製法には、作製の楽なゼーダー法と効率の良いプリベーク法があります。

融解塩は水を含んでいないので水素を発生すること

反射炉

一口メモ

塩(NaCl)を高温にすると溶けた液体になります。昔はこの液体を熔融塩といいました。しかし「熔」が当用漢字から外れて「溶融塩」に変わりました。さらに現在では学術用語として「融解塩」が採用されています。

アルミニウムの電解精錬

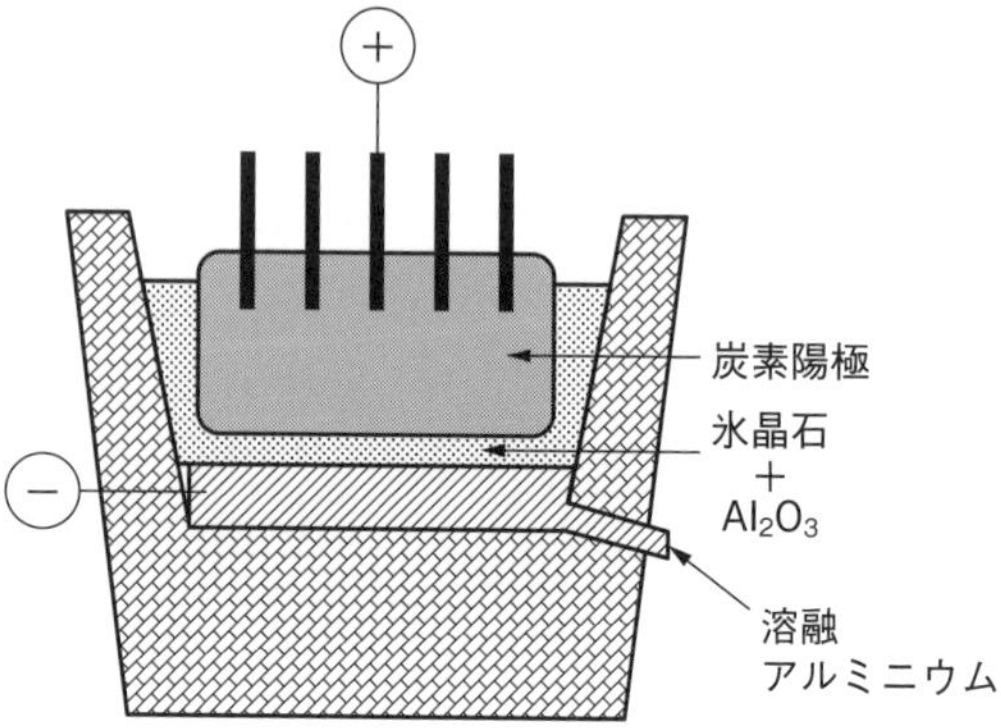

全反応：　$2Al_2O_3+3C=4Al+3CO_2$　……(1)
陽極反応：$C+2O^{2-}-4e^-=CO_2$　……(2)
陰極反応：$Al^{3+}+3e^-=Al$　……(3)

なくアルミニウムを還元できます。陽極の炭素は酸化を受けて一酸化炭素または二酸化炭素を発生し、陰極では融解したアルミニウムができます。

(1)の反応を進めるために外部から電気エネルギーを加えます。そのエネルギーの大きさとネルンストの理論から計算した(2)と(3)の反応を起こすのに必用な電圧は約1・2V、実際の操業電圧は約4Vです。アルミニウム1個を還元するのに3個も電子（つまり電流）が必要なのでアルミニウムは「電気の塊」といわれています。

ナトリウムは水酸化ナトリウム（NaOH：融点は2318℃）の融解塩を電気分解（還元）して製造します。電気分解によるナトリウムの製造はファラデーの恩師デービーが最初で、ナトリウムが元素である証明になりました。現在は食塩（NaClを主とする融解塩）が用いられています。マグネシウムも融解塩電解で製造されています。

かつて造船業を含む製鉄やアルミニウム精錬で日本は世界一の技術をもっていました。しかし、人件費や電気代の高騰で海外へ移転せざるを得ませんでした。

Column

チャップリン-ネルンスト-エジソン-ラングミュア

「ライムライト」はチャップリンの代表作映画です。ライムライトとは炭酸カルシウムをガス炎で加熱すると強い光を出すことを利用した照明器具で、電気が普及する前は劇場などで使われていました。

ネルンストは酸化セリウムなどのセラミックスに強い電流を流すと強く明るい光を出すランプを作りました。しかし大量に電気を消費するのが欠点で、エジソンとの競争に敗れてしまいます。

エジソンは日本の竹を使った炭素フィラメントランプを発明しました。炭素フィラメントは後に金属のタングステンに代わります。

ラングミュアは若いとき、ネルンストの研究室に留学していました。彼はGE社で真空中での金属薄膜の生成を研究して単分子膜の概念に到達し、この研究などでノーベル賞を受賞しています。

これらのランプは黒体輻射を利用していて、温度が高くなるにつれて赤→ダイダイ→白色→青色の色を発します（第1章6節参照）。

ライムライトの一場面

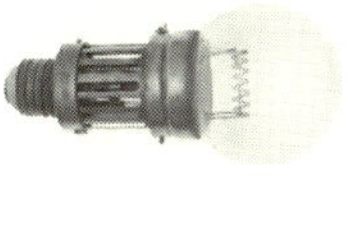

ネルンストランプ

東芝製竹フィラメントランプ

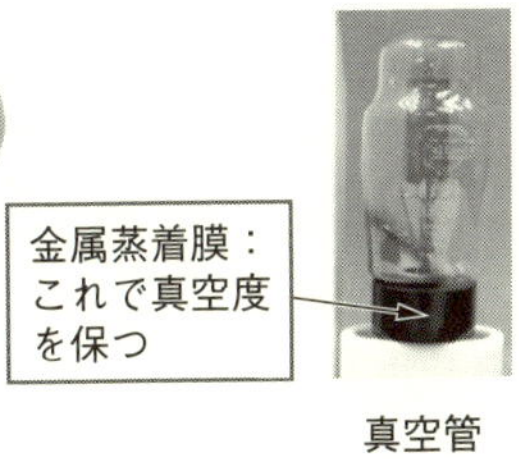

真空管

24 錆を逆利用するアルミニウムとステンレス
——金属の不働(動)態化

21節で述べたように、金属のほとんどは放っておくと空気中の酸素のために酸化してしまいます。そして表面にできたものを「さび（錆）」といいます。銀の食器さえ手入れが悪いと黒く錆びてしまいます。

人間の英知は、金属表面に薄く稠密な酸化物の被膜を作り錆を防ぐ方法を発明しました。この現象は白金などを触媒として利用しているとき、触媒能が落ちて「働らかなくなる」現象から「不働態化（passivation）」と名付けられました。一方、金属表面に酸化物被膜ができて解けにくくなる現象も、本来は不働態化と呼ばれていましたが、だれの提案かいつの間にか「不動態化」が学術用語となってしまいました。

この不働態化現象を利用した一つがアルミニウムです。アルミニウムは建材、航空機、お弁当箱などに使われていますが、多くは表面が金属光沢のままで、その被膜処理したものを通称「アルマイト」と呼びます。

アルミニウムは空気中に放っておくだけでもかなり丈夫な酸化被膜ができ、1円硬貨にも使われています。工業的には金属アルミニウムをシュウ酸などの水溶液で適切な電流で陽極酸化すると、酸化アルミニウムの緻密な被膜ができます。一旦、被膜ができると、強い酸にも溶けない丈夫なアルミニウムになります。不思議なことに、アルミニウムを陽極処理するとき、同時に水素が発生することはあまり知られていない現象です。

ご存知のように鉄はダントツに多く使われている金属で、橋、船舶、建物の鉄骨など数え上げたら切りがありません。しかし、鉄の最大の欠点は錆びに弱いことです。とくに水分の多いところ、海水などではさらに顕著に錆が進行して、最後は朽ち落ちてしまいます。

あえて錆を作って錆を防ぐ方法もあります。その一つは、ある程度丈夫な酸化物を作る亜鉛をメッキする「亜鉛引き鉄板」とする方法です。船舶などでは、亜鉛の塊を船底外部につけ、亜鉛を優先的に錆びさせることによって鉄錆の進行を遅らせています。

表面処理をしないで錆の進行を防ぐ合金があります。それがステンレス鋼です。「ステン」は英語のstainで、汚れを意味します。つまり、ステンレスは「汚れない」または「錆びない」ことを意味しています。よく使われているステンレス合金は18-8と呼ばれるクロム18%、ニッケル8%を含んだ合金です。また、少し安い18%クロムステンレスもあります。前者は磁石に付かないので両者は簡単に区別できます。

専門的になりますが、図に水溶液中における鉄-クロム合金の電流-電位曲線を示します。マイナス0・2V付近の電流の立ち上がりは裸の金属ガスのまま酸化溶解を示します。この領域では合金にしても合金の効果はなく、すいすい溶けてしまいます。

特徴的なのは酸化被膜ができた後です。電流の大きさは、そのまま金属の溶解速度に相当します。この溶解電流はクロム18%合金のとき、2・8%の100分の1以下になっています。つまり、ステンレスは錆びると初めて効果を発揮する「ステンあり」合金なのです。

不働態—分局曲線

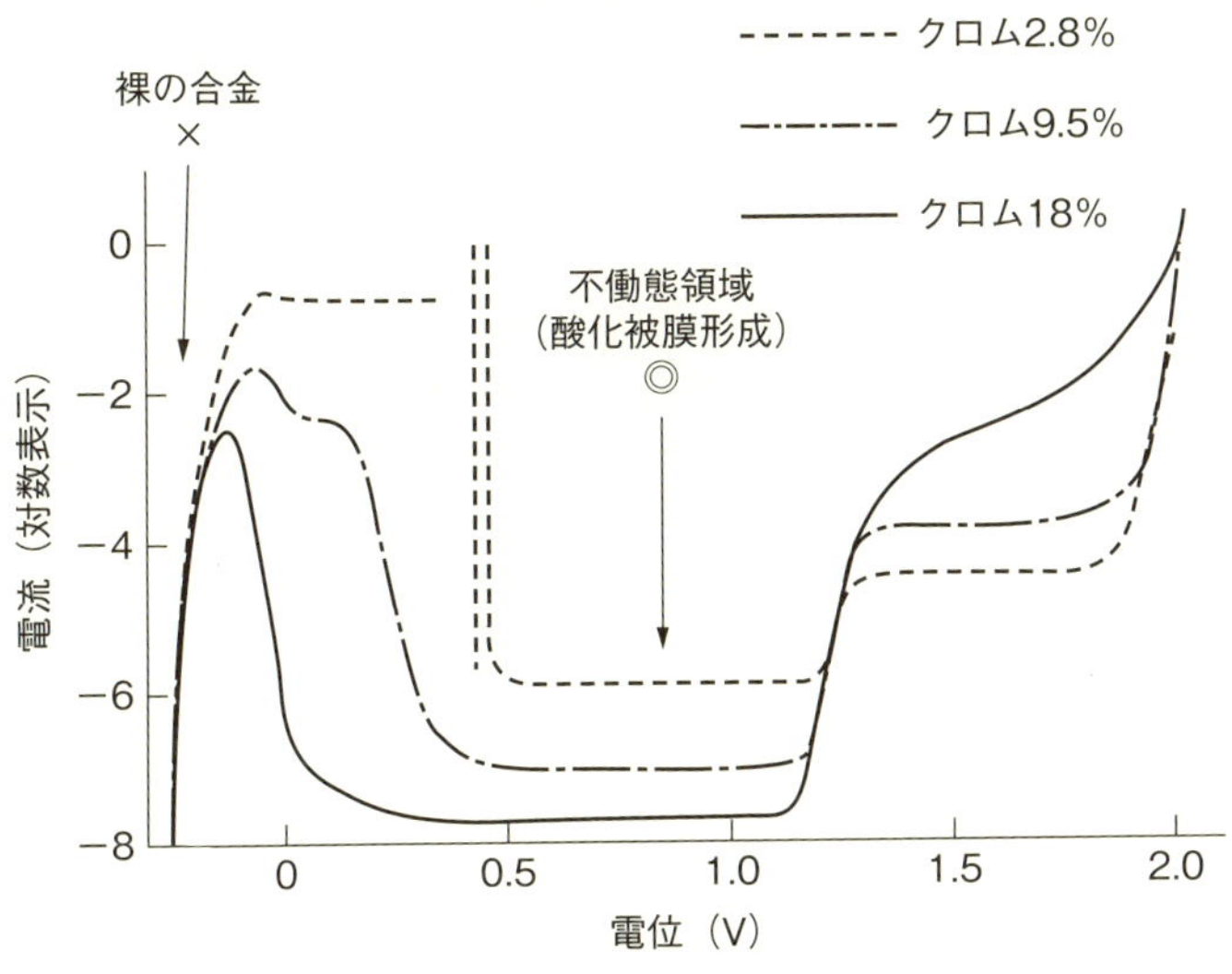

25 酸素と電池
―燃焼のエネルギーを電気に変える

ラボアジェは、ものが燃えるとき（酸化するとき）熱が出る、つまりエネルギーを作ることを発見しました。19世紀末、ドイツのネルンスト（Nernst）は、電極を使って酸化反応と還元反応を別々の場所で起こす電池を作ったとき、化学的な酸化・還元反応で発生する熱（正しくは自由エネルギー）と起電力の関係を明らかにしました。

化学反応のエネルギーを直接電気エネルギーへ変換すると、その効率は燃焼で取り出せるエネルギーの数倍に達します。化学的酸化・還元反応では酸素と水素が直接接触して酸素は水素から電子を受け取ります。一方、この反応を電池で起こすと、酸素は正極から電子をもらって自分は酸化物イオン（O^{2-}、水がある場合にはOH^-）に還元されます。一方、水素は負極に電子を与えて自分は水素イオン（H^+）になって反応が進行します。この移動する電子がもつエネルギーが電気エネルギーとして利用できます。

酸素と水素の燃焼を電池にする燃料電池は、電解質に注目して分類されます。一つ目はリン酸水溶液を使うリン酸型燃料電池（ＰＡＦＣ）です。動作温度は約２００℃、発電効率は約40％です。二つ目は固体高分子型燃料電池（ＳＰＥＦＣ）です。動作温度は約１００℃、液体を使わないので安全性が確保できます。三番目は固体酸化物型燃料電池（ＳＯＦＣ）で、電解質として酸化物イオン（O^{2-}）を選択的に流すジルコニウムやイットリウムの酸化物を使います。動作温度は７００℃以上と高温です。

以下は日常使用する携帯用電池です。これらの電池の元祖は、二酸化マンガンを正極に、負極に金属亜鉛を使うルクランシェ電池です。１８８６年に発明され

燃料電池の化学反応

・全化学反応

$2H_2+O_2-2H_2O$（液体）

生成自由エネルギー：474kJ

・還元反応（正極）（電極：白金など）

$O_2+4H^++4e^-=2H_2O$（酸性）

または　$O_2+2H^++4e^-=2OH^-$（塩基性）

または　$O_2+4e^-=2O^{2-}$（水がないとき）

・酸化反応（負極）（電極：白金など）

$2H_2-4e^-=4H^+$

・理論起電力：1.23V（25℃、水溶液）

ただし、実際の電池は効率が悪く1V以下で残りは熱として放出される。

燃料電池

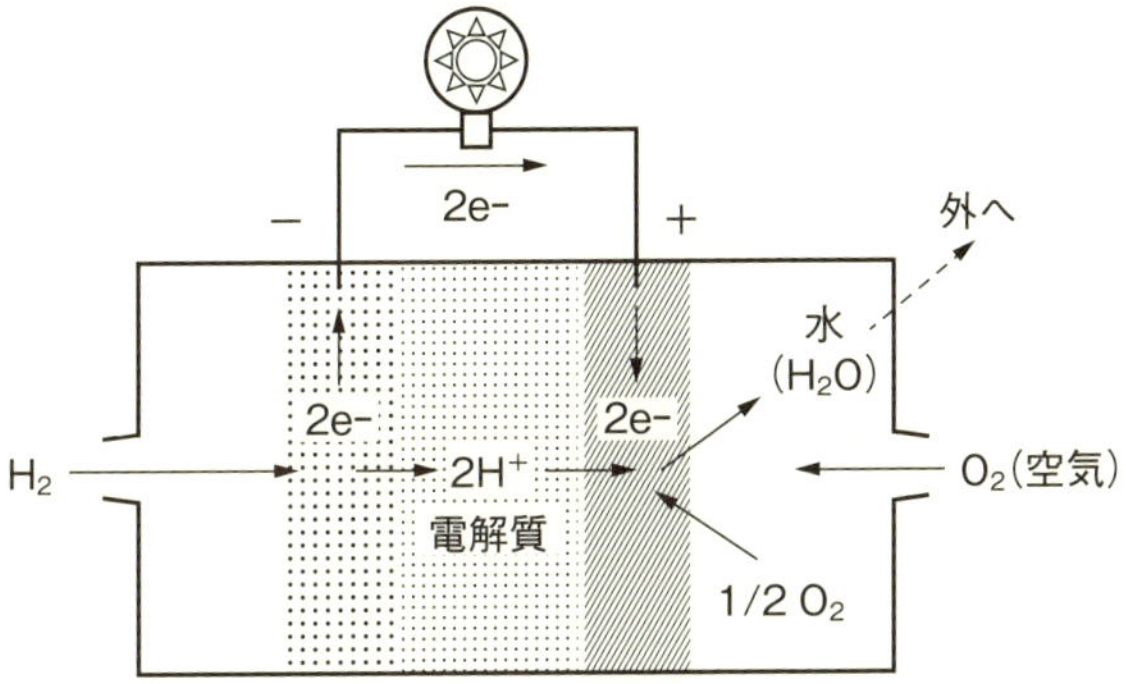

負極　　　　正極

$H_2 \rightarrow 2H^+ + 2e^-$　　$1/2\ O_2 + 2H^+ \rightarrow H_2O$

全反応：$H_2 + 1/2\ O_2 \rightarrow H_2O$

電解質（イオンの移動）

・室温：水溶液、固体高分子

・高温：固体電解質

初期の密閉型ルクランシェ電池（黒鉛）

（空気-亜鉛電池の原型でもある）

ルクランシェ電池の化学反応

・全化学反応

$2MnO_2+Zn+2H^+=2MnOOH+Zn^{2+}$

・還元反応（正極）

MnO_2（電極）$+H^+ + e^- = MnOOH$

・酸化反応（負極）

Zn（電極）$-2e^- = Zn^{2+}$

・理論起電力：1.6V（pH＝3として）

携帯用一次電池（充電できない使い捨て）として20世紀中盤まで使われていました。携帯用電池の大部分は金属酸化物を使っていることに注目して下さい。なお、同時代に発明された充電可能な鉛蓄電池は現在でもその需要は衰えず、ルクランシェ電池と並んで電池の東西両横綱といえます。

(1) ルクランシェ電池

二酸化マンガン（MnO_2）は伝導度が悪いので正極には黒鉛棒を差し込んで使います。マンガンは「呼吸する金属」ともいわれ、種々の酸化物の形態と結晶構造をもっていて、酸素の圧力が高いとこれを吸収し、圧力が下がると酸素を放出します。

(2) 酸化銀電池

酸化銀（Ag_2O）が銀に還元される反応と、亜鉛が亜鉛イオンに酸化される反応から電気エネルギーを取り出す電池です。この電池には大きな特徴が二つあります。まず、ほぼ理論通りの電圧が得られて、しかも電流を取り出しても電圧はほとんど変化しないこと、二番目は Ag_2O は室温であるにも係わらず O^{2-} を非常に速く通す材料であることです。

(3) 空気—亜鉛電池

大気中の酸素を直接に利用します。巧妙に作られた電池ですが、開放式なので使用時にシールをはがして空気を取り入れるようにします。構造が簡単であることから見直されています。

酸化銀電池の化学反応

・全化学反応

$Ag_2O + Zn = 2Ag + ZnO$

生成する自由エネルギー：307.1kJ

・還元反応（正極）

Ag_2O（電極）$+ H_2O + 2e- = 2Ag = 2OH^-$

・酸化反応（負極）

Zn（電極）$+ 2OH^- - 2e- = ZnO = H_2O$

・理論起電力：1.59V

空気—亜鉛電池の化学反応

・全化学反応

$1/2O_2 + Zn = ZnO$

生成自由エネルギー：318.3kJ

・還元反応（正極：多孔質電極）

$1/2O_2 + H_2O + 2e- = 2OH^-$

・酸化反応（負極Zn）

$+ 2OH^- - 2e- = ZnO + H_2O$

・理論起電力（Nernst）：1.65V

空気—亜鉛電池

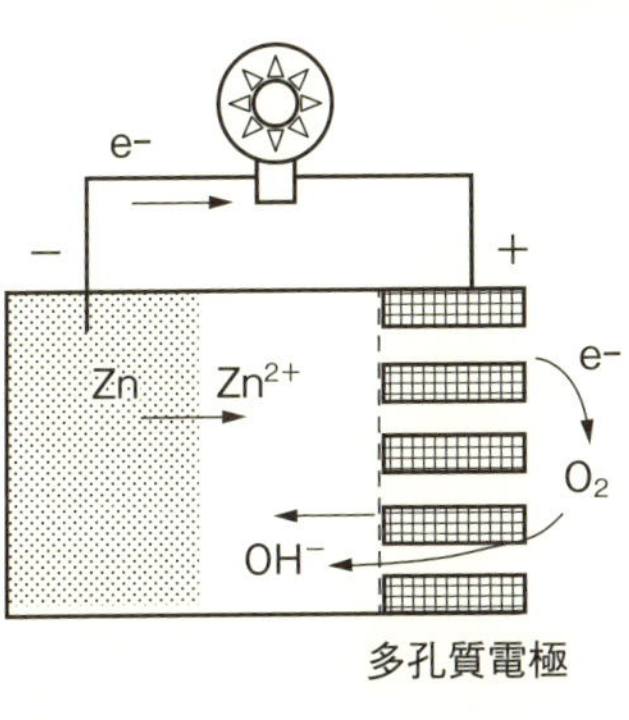

空気ー亜鉛電池　　酸化銀電池

(4) リチウムイオン電池

　充電可能な電池（二次電池）として1980年代に日本で開発されました。現在は携帯電話やパソコンの電源としてほぼ100%のシェアを誇っていて、モバイル電源として確固たる地位を得ています。リチウムイオンが負極から正極に移動するだけなので「イオン」という名前がつけられました（「リチウム」だけだと一般の人に危険感を与えるためという談話もあります）。正極として層状構造の酸化コバルト（CoO_2）を用います。また、電解液として有機溶媒を使います。

　リチウムイオン電池は軽量・小型化だけでなく大容量化も可能なので、自動車用の動力電源や太陽電池などの発電電源と組み合わせて、平時の蓄電池として利用できるので、クリーンエネルギー時代のホープとしても期待されています。

　現在、高価な酸化コバルトに変わる材料として、性能は劣るものの安定性の高いリン酸鉄を正極に使う電池も実用化されています。また液体を使わないので安全性が高い固体高分子電解質型電池の研究・開発も進んでいます。

リチウムイオン電池の化学反応

・全化学反応

$CoO_2 + Li = LiCoO_2$

生成自由エネルギー：データなし

・還元反応（正極）

$CoO_2 + Li^+ + e^- = LiCoO_2$

・酸化反応（負極）

Li（炭素電極）$- e^- = Li^+$

・実際の起電力：3～4V

リチウムイオン電池

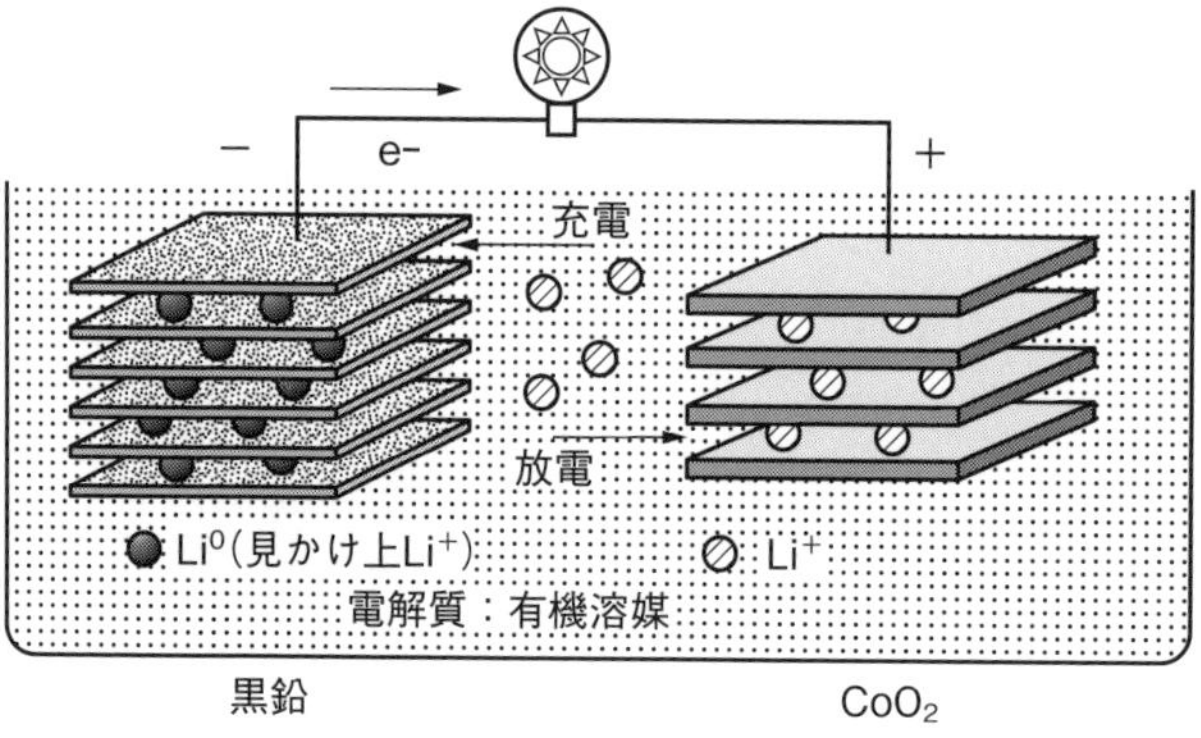

Column

リチウムイオン電池の元祖
—フッ化黒鉛

　充電して繰り返し利用できる電池といえばコバルト酸化物を使ったリチウムイオン電池で、ソニーがいち早く市販化しました。三洋電機は、充電はできませんが二酸化マンガンを使ったリチウム電池を市販しました。正極はいずれも酸化物です。

　一方、黒鉛をフッ素で処理すると新規な物質ができ「フッ化黒鉛」と名づけられました。松下電器産業（現在のパナソニック）はフッ化黒鉛を正極に使ったリチウム電池を市販しました。現在は製造中止になっていますがリチウムイオン電池の先駆けです。

　この「フッ化黒鉛」という名称は学術用語として不適切と指摘されました。「黒鉛」は化学構造を表す名称で物質名ではなく、「炭素」が正しいからです。

　さて現在、「充電池」なる言葉が世に出回っています。学術用語としては「再充電可能電池」とか「二次電池」ですが、一般用語が学術用語に取って代わることも多々あります。充電池はどうでしょうか？

松下電器が販売したフッ化黒鉛リチウム電池

26 金属とセラミックス
―金属酸化物の限りない可能性

19世紀まで、人類の文明は金属と共に歩んで来ました。しかし、20世紀後半になると様相が一変します。当初は石油の産出に基づく炭素を骨格とする有機物の合成、特に高分子によって科学技術は飛躍的に発展しました。第二次大戦後は高分子化学の全盛期でしたが、化石原料を大量に消費するために、他方では公害問題も深刻になって来ました。

一方、無機化学の面では、昔は単なる「岩石」であった金属酸化物などのセラミックスが20世紀終盤になって急速にその地位を拡大してきました。セラミックスといえば昔は「焼き物」や「ガラス」を意味していて、日常生活の中では今でもその重要さは衰えることはありません。

しかし、セラミックスは高温に強いだけでなく、絶縁体から半導体、電子伝導性に至る広範な電気的特性や、特定のイオンを通すなど、電子機器の素材として高分子物質がもっていない機能を発揮したのです。そして21世紀はセラミックスの時代ともいわれています。

セラミックスが焼き物から脱皮した初期の頃、「ファインセラミックス」や「ニューセラミックス」という言葉が流行りました。当初はその耐熱性、堅さなどの特徴を活かしていましたが、次第に電子材料としての特性が明らかになるにつれてセラミックスを研究テーマとする「材料工学」や「材料化学」という学科組織まで生まれてきて、現在に至っています。

セラミックスの一般的な特徴として以下のようなことを挙げることができます。

①耐熱性が高い（長所）。

②硬い（長所）が脆く、金属のような展性がない（短所）。

ファインセラミックスの木

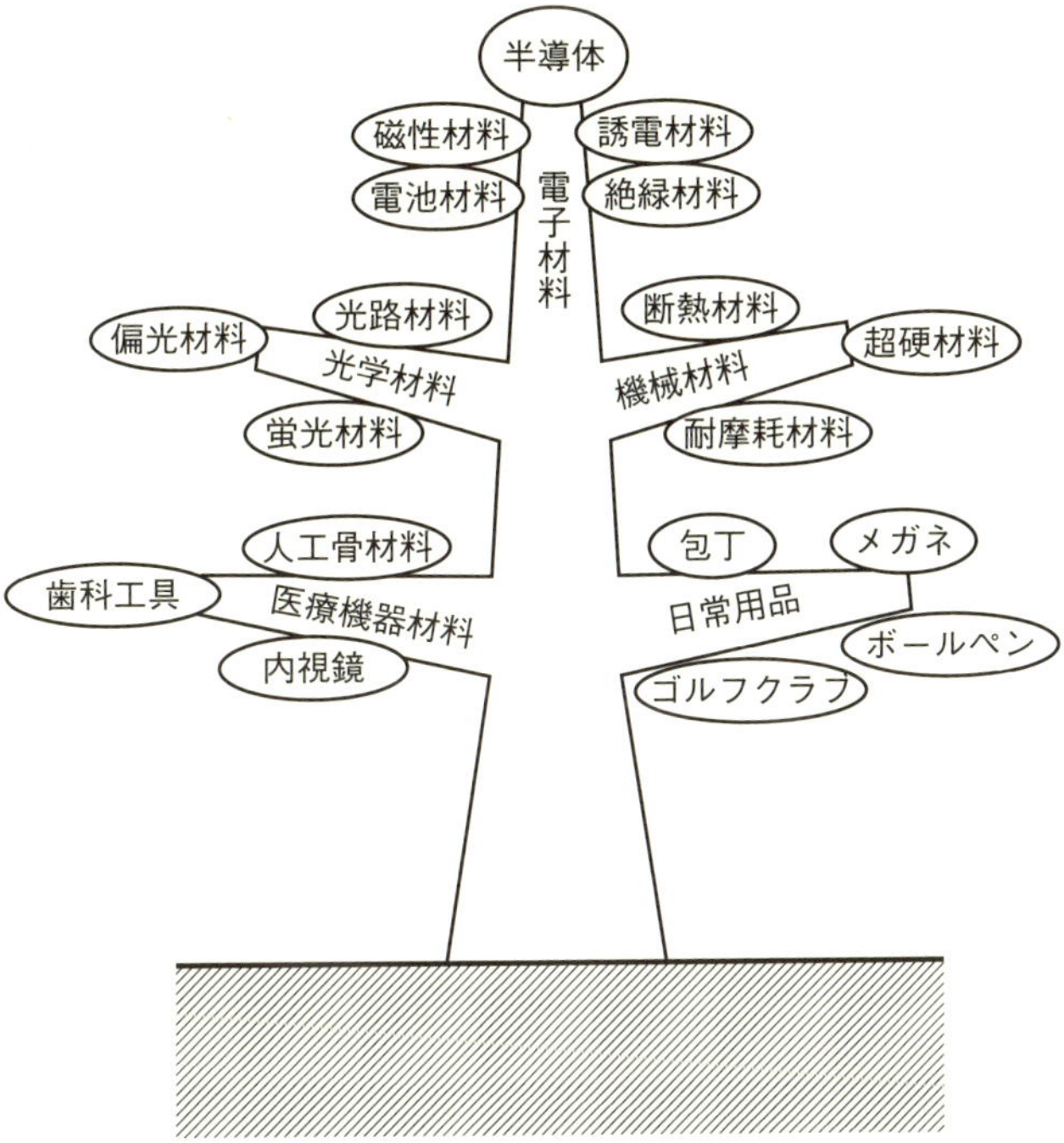

③電気伝導度においては絶縁体（誘電体）から半導体、金属性まで多種多様である。

④電子だけでなくイオンも通す。しかも特定のイオンを通す材料が豊富である。

図でその例を示しましょう。いかに多くのセラミックス材料が我々の生活に関わり合っているか理解できると思います。

次に、これらの中で本書の主題である酸素、つまり酸化物に注注目して先進的な材料を見ていきましょう。

(1) 磁石

以下では磁性という言葉も使います。物質のもつ磁性は、「反磁性」、「常磁性」、「強磁性・フェリ磁性」などに分類されます。反磁性とは、第2章で述べた炭素を中心とした化合物を磁場の中に入れると物質中の磁気の強さが弱められる現象をいいます。常磁性とは、第2章で説明した酸素や一酸化窒素など不対電子をもっている分子の場合、これらの物質を磁場の中に入れる物質中の磁気の強さが強められる現象をいいます。

一方、鉄や銅など、それ自身安定な数個の不対電子をもっている「遷移金属」などの物質は、磁場の中に入れると全体として極めて強い磁石になります。これらを（磁石になるメカニズムに違いはありますが）強磁性・フェリ磁性といいます。

鉄、コバルト、ニッケルなどいくつかの金属は強磁性を示します。初期の頃の磁性の研究の多くは金属の持つ磁性に注目していました。東北大学のＫＳ鋼やＭＫ鋼がその例です。

さて、セラミックスに分類される酸化物磁石を見てみましょう。フェリ磁性をもつ物質の代表はマグネタイト（Fe_3O_4）二価の鉄（FeO）と三価の鉄（Fe_2O_3）の１：１の混合物です。次の節で詳しく説明しますが、東京工業大学の加藤と武井は、この二価の鉄を他の金属に亜鉛に置き換えると特異的な磁性が生まれることを発見しました。それら一連の酸化物はフェライトと総称されています。現在、フェライトはあらゆる電子機器に使われていて、我々の生活に書くことのできない材料になっています。

(2) 強誘電体

チタン酸バリウム（$BaTiO_3$）がその代表格です。強い誘電体で電子回路に使うコンデンサーの小型化に寄与しています。シリコンを母体とする半導体は集積化が可能でＩＣ（Integrated Circuit）がその象徴です。一方、電子回路の中の交流回路ではコンデンサーが不可欠です。しかし、その小型化は長い間シリコンＩＣに遅れを取っていました。

その問題を解決したのがチタン酸バリウムなど強誘電体の出現です。これによって豆粒ほどの大きさのコンデンサーがＩＣに装着できるようになりました。現在、携帯電話やスマートフォンが普及しているのはこのコンデンサーのお陰といっても過言ではありません。たとえばスマートフォンには1台に数百個も使われているとのことです。

(3) 超伝導材料

電気抵抗がゼロである超伝導は夢の材料の1つです。１９１１年にオランダのカメリン・オンネスによって金属水銀で発見されました。転移温度は４・２Ｋ（ケルビン）、約－２６９℃。金属ではニオブの９・２２

Kが最も高く、次に発見されたのがニオブとスズの合金（Nb_3Sn）の17Kで、しばらくの間は金属性の物質で研究が進められました。

　ところが1986年に、ベドノルツとミュラーがLa（ランタン）－Ba（バリウム）－Cu（銅）－O（酸

チップ積層セラミックスコンデンサー

提供：㈱村田製作所

磁気浮動式リニアモーターカー

自動車用酵素センサー

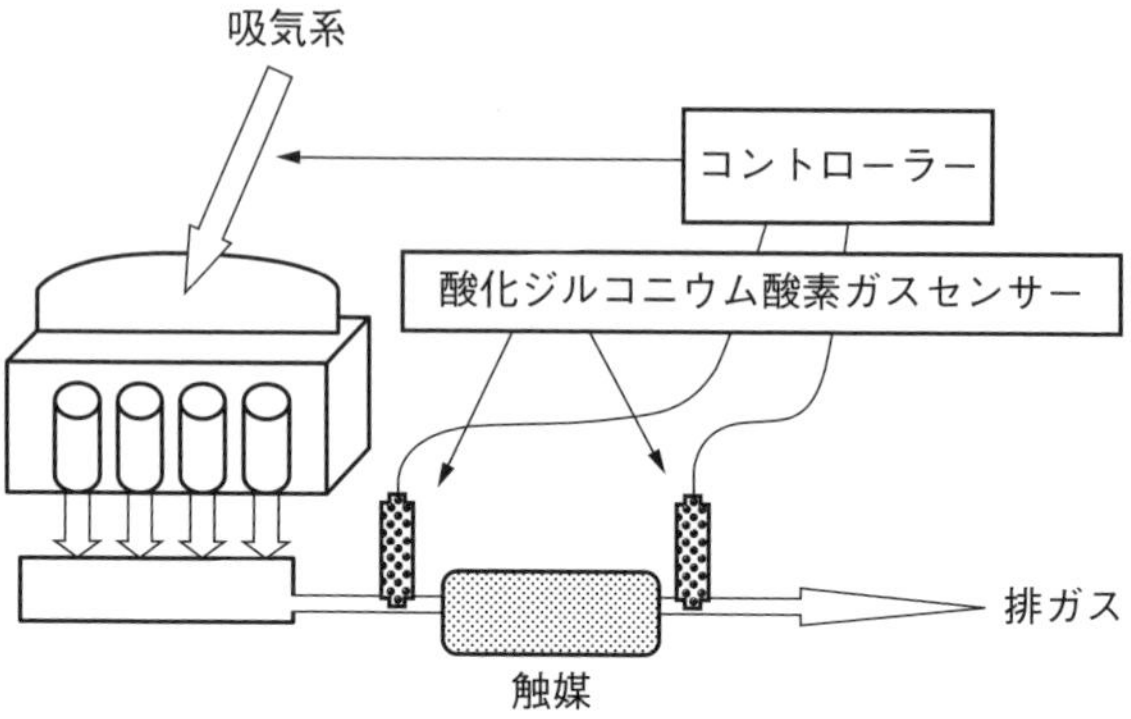

素）系の物質が超伝導を示すことを発見してから超伝導の研究は一転しました。そして１９８７年には、90K級で転移するY（イットリウム）−Ba−Cu−O系で液体窒素温度（77K、−１９５・８℃）以上で超伝導を示す物質が合成され、液体ヘリウム（４・２K）を使わないで超伝導を利用することができるようになりました。磁気浮動式リニアモーターカーの進化にも役立っています。酸化物が電子伝導体としての性質をもつことは画期的なことでしょう。

(4) イオン導電体

カルシウムやイットリウムを少量含む酸化ジルコニウム（ZnO_2：ジルコニア）は、特定の結晶系をした酸化ジルコニウムの一種で高温（約７００℃以上）でも電子を通さない絶縁体です。しかし、酸化物イオン（O^{2-}）は選択的にスムーズに通します。この性質を使って自動車燃料の完全燃焼の条件を制御する酸素センサーとして実用化されている他、高温で作動する燃料電池にも応用が研究されています。

Column

銅の精錬と日本の公害

日本は鉱物資源の少ない国といわれていますが、江戸時代には金、銀の生産で世界有数の産出国でした。銅鉱石は愛媛県別子と栃木県足尾で、亜鉛は岐阜県の神尾で採掘されていました。別子は住友、足尾は古河、神岡は三井といずれも旧財閥発展の礎になっています。

銅、亜鉛、銀などは酸化物の鉄鉱石と違って硫化物として産出します。黄銅鉱（$CuFeS_2$）などです。このため銅の製錬では亜硫酸ガスが大量に発生します。また、亜鉛精錬ではカドミウムのような有害金属が複成します。

別子では植林をして公害を抑える政策をとり、住友林業（株）はこの植林から生まれました。足尾では亜硫酸ガスに加えて銅イオンを含む水が田圃に流れ込み、田中正造が足尾鉱毒事件として国会でも取り上げました。その荒れ果てた姿は信越線の窓から眺めることができました。神岡ではカドミウムイオンが神通川に流出してイタイイタイ病が発生、日本四大公害と位置づけられています。神岡鉱山には現在、ニュートリノの研究でノーベル賞を受賞したスーパーカミオカンデが作られています。

黄銅鉱の結晶

27

酸化物で磁石ができた
―フェライトの発明

天然に産出する鉄鉱石に磁鉄鉱があり、その名前のとおり磁石としての性質をもっています。磁鉄鉱の組成は Fe_3O_4 で、二価の鉄の酸化物（FeO）と三価の鉄の酸化物（Fe_2O_3）の均一な混合物です。

東京工業大学の武井武は加藤與五郎先生の指導の下で、二価の鉄を他の金属に置き換えたフェライトの研究を始めました。そして１９３０年（昭和５年）、亜鉛と置き換えた複合酸化物がコイルの中で強い磁石になることを発見しました。これはソフトフェライトといわれ、電波受信用のコアなどとして高性能を発揮しました。一方、亜鉛の代わりにコバルトを入れると強力な永久磁石になることも発見しました。

この磁石はＯＰ磁石と呼ばれました。ＯＰとはOxide Powder の略ですが、東京工業大学の所在地である東京都目黒区大岡山の地名に因んで Ookayama Permanent 磁石という意味も隠されています。当時、日本での磁石の研究は金属が中心で、特に東北帝国大学は活発で本多光太郎博士のＫＳ鋼、三島徳七博士のＭＫ鋼がその成果を示しています。ＯＰ磁石はＫＳ鋼とほぼ時期を同じくして発明され、磁石としての強さはＫＳ鋼を上回っていたのですが、ＭＫ鋼が発明されたこともあってか、酸化物の磁石はあまり評価されなかったようです。

用途が未開発の段階で、このフェライトを工業化するために昭和10年、フェライトコアの生産を目的として東京電気化学工業が設立されました。現在のＴＤＫです。しかし、当時はまだその潜在能力はあまり理解されていませんでした。第二次大戦後、東京通信工業（現在のソニー）がプラスチックテープにフェライトを塗ってテープレコーダーを市販してからフェライトは民生品にもたくさん使われるようになりました。

東工大でのフェライトの発明と、TDKによる工業化から遅れることおよそ10年以上たって、オランダのフィリップス社が別の組成の高性能フェライトの発売を開始し、世界の特許関係はフィリップス社に支配されてしまいました。

一方、フェライト磁石の理論については、フィリップス社の協力を得たフランスのルイ・ネールがフェリ磁性の理論を発表して1970年にノーベル賞を受賞しました。しかし、フィリップス社が武井の発明とTDKの工業化を全く無視していたためか、ネールは受賞講演で亜鉛フェライトに触れているにもかかわらず、武井の業績に触れることはありませんでした。

ノーベル賞では実験と理論がカップルで受賞するケースが多いです。しかし、フェライトにおいては「発明」が完全に無視されたことは日本にとっては非常に残念なことです。しかし、武井は1970年に第1回国際フェライト会議を開催し、20カ国600人の参加者と150編もの論文が集まりました。そして武井武は「フェライトの父」と呼ばれ、その栄誉が永久に残ることはせめてもの救いでしょう。

マグネタイトの結晶構造

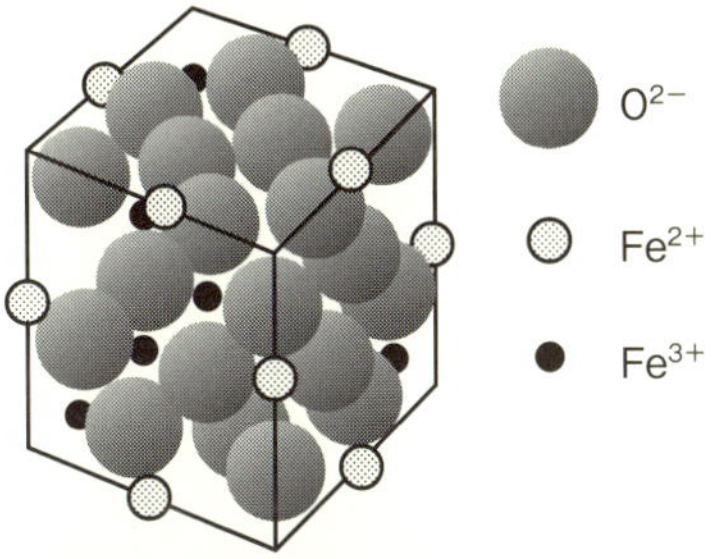

磁鉄鉱（提供：秋田大学国際資源学部附属鉱業博物館）

フェライトの発明者、武井武と恩師加藤與五郎

Column

超強力磁石の出現
—ネオジム磁石

1932年に三島徳七博士がMK鋼を開発して以降、金属をベースとした磁石は横ばいの状態でした。そこに登場したのが1966年のサマリウムとコバルトの合金です。しかし、サマリウムの生産量は少なくコバルトは高価なので、日本の佐川眞人博士が理論的推察からネオジムと鉄の合金がサマリウムとコバルトの合金を上回る強い磁石となることを1983年に発見（発明）しました。

ネオジムはサマリウムより生産量が多く、鉄も安価です。この磁石は現在のハイテク産業になくてはならない材料となって皆さんの身の回りでもたくさん使われています。

2011年にオーストラリア縦断ソーラーカーレースで東海大学チームが2連覇し、さらに2013年は2位と日本の底力を見せつけました。このソーラーカーにはネオジム磁石を使ったモーターの他、ガリウムーヒ素太陽電池などが採用されており、日本の材料技術が世界を圧倒的にリードしていることを実証しました。

東海大チームのソーラーカー

第5章
生命と酸素
—活性酸素は薬か?毒か?

28

生命から生まれた酸素

——植物の光合成と酸素・炭素循環

小惑星の衝突が繰り返し起こって現在の形の地球ができたのは、およそ46億年前といわれています。その後、地殻が形成され、さらに温度が下がったおよそ41億年前には海が形成されたと考えられています。そして海の形成と相まって原始生命が誕生し、それらが進化して、およそ35億年前頃に原始的な生物が誕生しました。そして、27億年前には海水中に高度に発達したシアノバクテリアが誕生しました。

すでに述べたように地球上の酸素ガスは、そのシアノバクテリアによって生まれました。当時の大気中には二酸化炭素が多量にあって、シアノバクテリアは「太陽光」のエネルギーを使って二酸化炭素と水からグルコースを合成して、これをデンプンやセルロースにして養分や骨格として進化していきました。大気中の酸素は、このとき副生物として多量に発生しました。

光合成の第一段階ではクロロフィルが光エネルギーを吸収して基底状態Ⅱにある電子は励起状態Ⅱに移ります。そのとき空席になったクロロフィルの「空孔」が水から電子を引き抜き（酸化）、酸素が派生します。このとき光を吸収する電子はポルフィリン環の周りを雲のように回っている電子です。一方、基底状態Ⅰは別の光を吸収して励起状態Ⅰに移ります。このとき空席になった基底状態Ⅰには励起状態Ⅱに上がった電子が落ちます。さらに励起状態ⅠはＮＡＤＰ$^{+}$を還元してＮＡＤＰＨを生成します。かなり複雑な反応なので、反応過程を抜粋した図を示します。

ここで生じたＮＡＤＰＨは同じく光反応で生成したＡＴＰと一緒になって二酸化炭素を取り込んで結果としてグルコースを生成します。この反応も非常に入り組んでいるので、結果として起こることになる全反応だけを示します。つまり、生成したグルコースは植物のなかで「脱水縮合」を繰り返して、グルコース分子がたくさん結合して植物の主構成成分であるセルロースやデンプンができます。これは第2章で詳しく述べました。植物はこのような過程を繰り返して次第に進化し、立派な植物の世界を形成するようになりました。

よく植物は動物より生物学的に劣ると言うような話を聞きますが、これは大きな誤りで、植物は極めて複雑な生体反応を駆使している立派な高等生物なのです。

一方、光合成によって発生した酸素は、初期の頃は鉄二価イオン（Fe^{2+}）を酸化して水に溶けにくい三価の鉄酸化物（Fe_2O_3）として固体になり、また還元性の硫化水素と反応すると硫酸として海に溶け込んでしまいました。このような反応が終結すると、次の節で述べるように大気中の酸素は急激に増えていきました。

グルコースの生成反応

$$6CO_2 + 12H_2O \xrightarrow{\text{光}} C_6H_{12}O_6 + 6H_2O + 6O_2$$

クロロフィルa

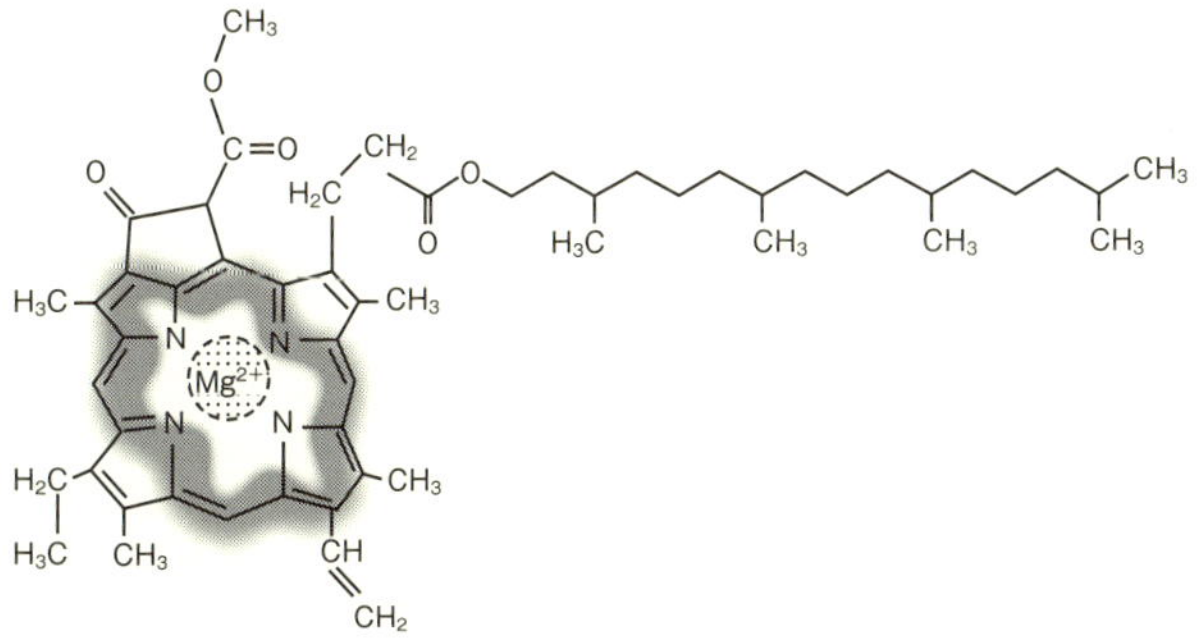

光合成の反応過程

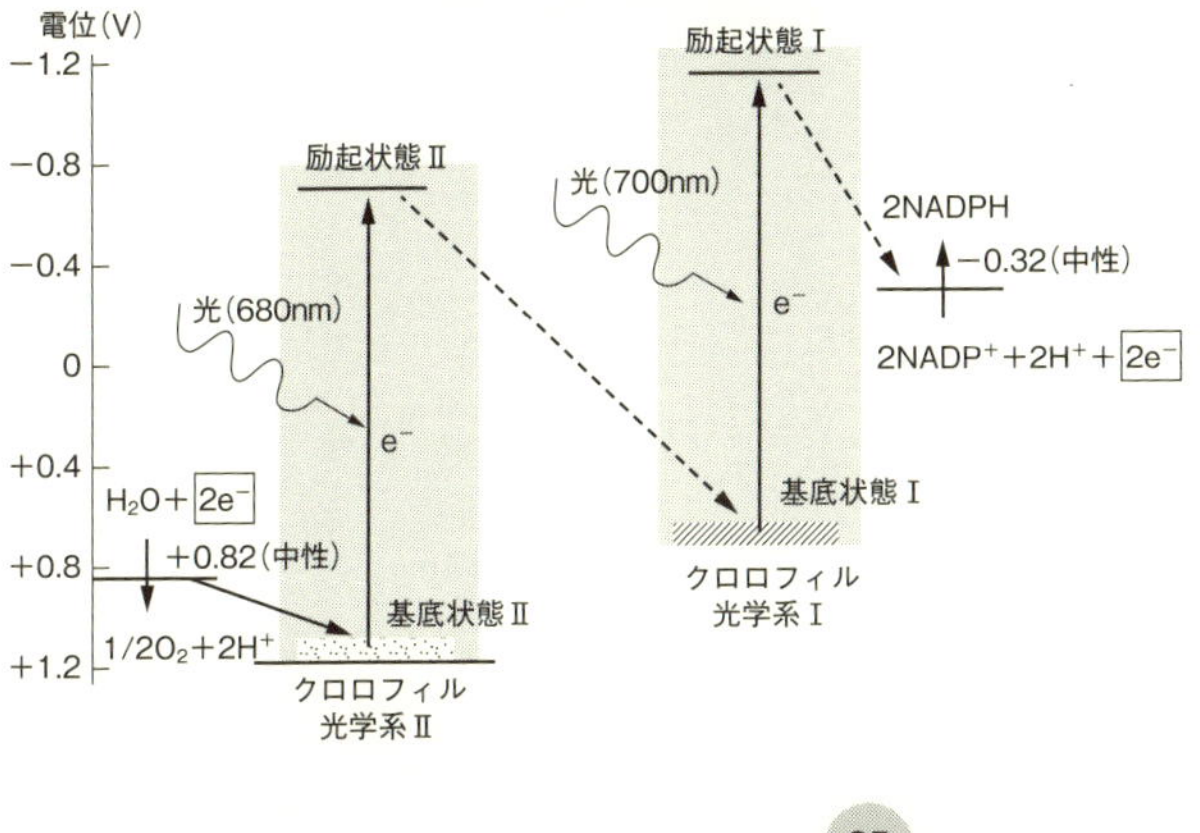

29 大気中の酸素と動物の発生
―酸素と植物を利用する動物

酸素の発生を積極的に開始したシアノバクテリアが誕生してから遅れること20億年を経過して大気中に酸素が溜まるようになった頃、酸素をエネルギー源とする生物が現れてきました。動物です。バクテリアが発生してから大気中の酸素はごくわずかずつしか増加していません。

　ところが、バクテリアやその後発生してきた高等植物の光合成による酸素の発生が鉄イオンや硫化水素による消費を上回るようになると、大気中の酸素濃度は急激に増加しました。放射性同位元素の測定などによる年代測定によると、その時期はおよそ6億年ぐらい前だと推定されています。

　大気中に増えていった酸素は上空で紫外線を吸収してオゾン（O_3）を作り、そのオゾンは地表に降り注ぐ有害な紫外線を防いでくれます。このため酸素は本来、危険な物質であったにも関わらず「エネルギー源としての利用」および「紫外線照射の防御」などで本来は有害であった酸素の力を逆利用する動物が地上に出てきたのです。

　人間は呼吸によって取り入れた酸素をスーパーオキシドや過酸化水素などの活性酸素に還元してＡＴＰなどのエネルギー源、白血球での生体防御に使っていますが、活性酸素濃度が増えすぎると逆にがんなどを引き起こします。そのバランスをうまく取ってきたのが人類繁栄の原因とも考えられるでしょう。

　動物は自分自身体内で栄養分を作り出すことはできません。植物が光合成で作った栄養分をチャッカリ横取りして生きているのです。つまり、植物は動物がいなくても生きていけますが、動物は植物がいないと生きていけないという宿命を負っているわけです。動物が植物に役立てるとすると、それは死んだ後や排泄物が腐敗して栄養分の一部になることができることぐらいでしょう。

植物の栄養分の基本は光合成でできるグルコースなど、炭素を主成分とする有機物質です。そこで炭素（植物―光合成―有機物）―酸素（動物の呼吸とエネルギー源）の地球上での現在の様子（循環）を図にしてみました。

動物は、そもそもの発生の段階から危険な物質酸素を利用してきました。その酸素は体内に入るとスーパーオキシドイオン（O_2^-）や過酸化水素、およびヒドロキシラジカル（・OH）などの「活性酸素種」となって呼吸代謝、エネルギー代謝、免疫などの働きをします。一方、これらの物質が増えすぎると、がん、動脈硬化、老化などを引き起こします。このため体内では、これらの活性酸素種の濃度をコントロールするためにたくさんの酵素が働いています。

活性酸素種の有益な働きと害を及ぼす働きのバランスを取ることが健康を保つ秘訣といえます。ただ活性酸素種を消去する食事をすれば良いというものではなく、バランスの良い食事を取ることが長生きの秘訣と言えるでしょう。

炭素と酸素の循環

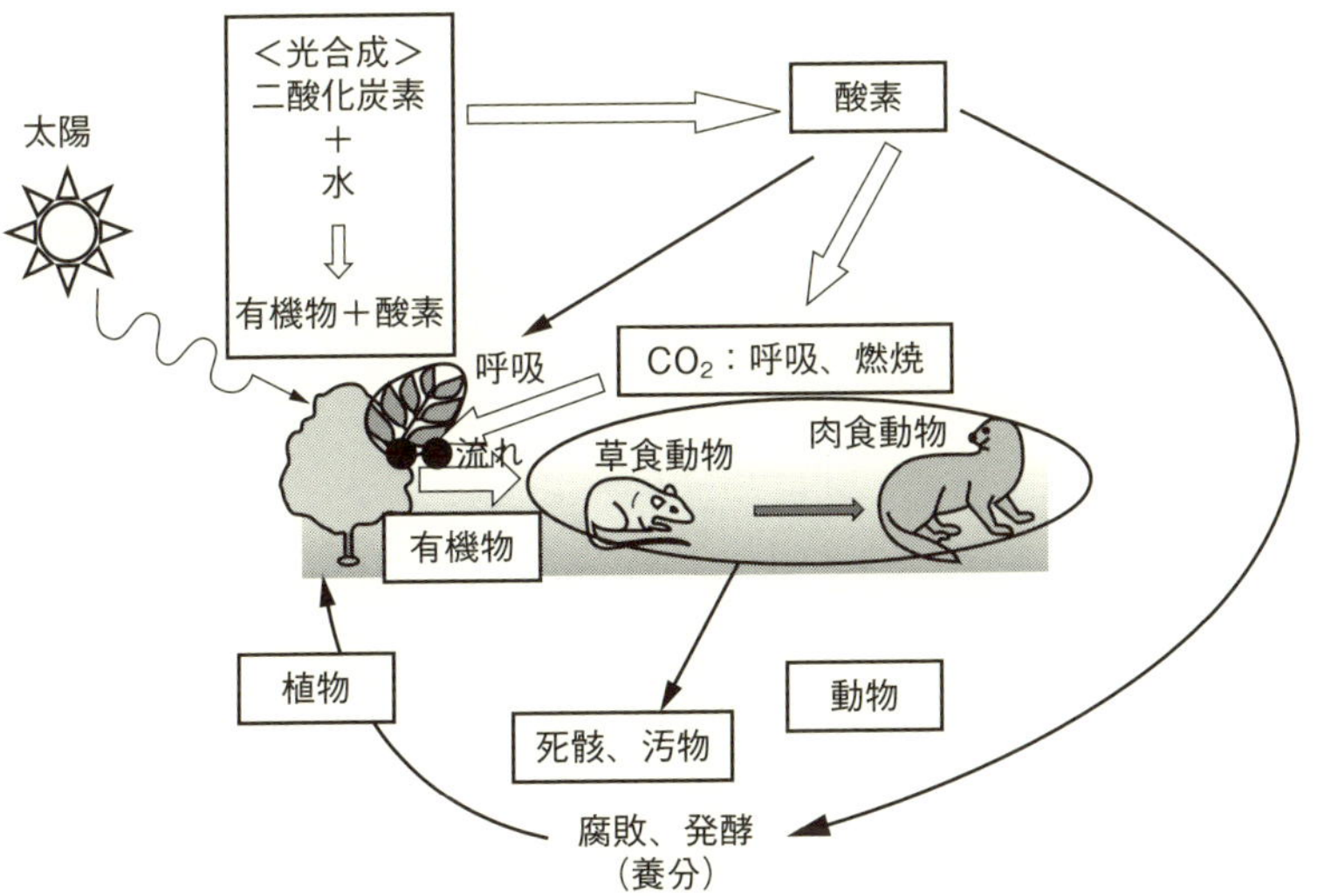

30 生体内の酸素
―酸素から活性酸素

前節で述べたように動物は酸素の酸化力を利用して生命を維持しています。酸素が生体内でデンプンなどを酸化してエネルギーを得るとき、中間体としてスーパーオキシド（O_2^-）や過酸化水素（H_2O_2）を利用します。これらの物質は活性酸素として邪魔者扱いされていますが、本来は生体を維持するための出発物質なのです。生体は、酵素が種々の酸化状態にある酸素を「選択的にかつ効率よく」作ったり分解したりして生体としての機能を維持しています。そこでまず、これら種々の酸化状態を説明しましょう。

生体系で主に問題にされる酸素には4つの酸化状態があります。これらは試薬としても購入可能で、アルカリ金属の例では、Li_2O（マイナス2価）、Na_2O_2（マイナス1価）、KO_2（マイナス0・5価）があります。これらは水に溶かすとすぐにOH^-になってしまいますが、融解塩のように水がない状態なら、それぞれの原子価は安定に存在できます。

教科書などで学習する溶液は溶けている物質の濃度が低い「希薄溶液」で、その中ではこれら酸化状態は不安定です。しかし、細胞のように濃厚な溶液では、O_2^-のように不安定な物質もある程度長い寿命をもっ

生体系での酸素の酸化状態

O_2：0価
O_2^-(HO_2)：−0.5価
O_2^{2-}(H_2O_2)−1価
O^{2-}(H_2O、OH^-)：−2価

ています。
この節では、0価の酸素からマイナス2価のH_2Oまでの酸素に関わる酵素、スーパーオキシドジスムターゼ（SOD）とカタラーゼを見てみましょう。

SOD

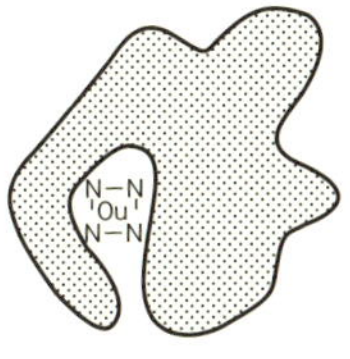

SOD概念図

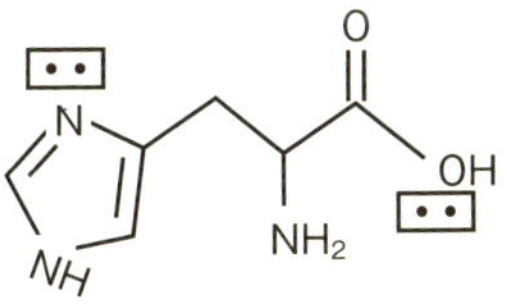

ヒスチジン

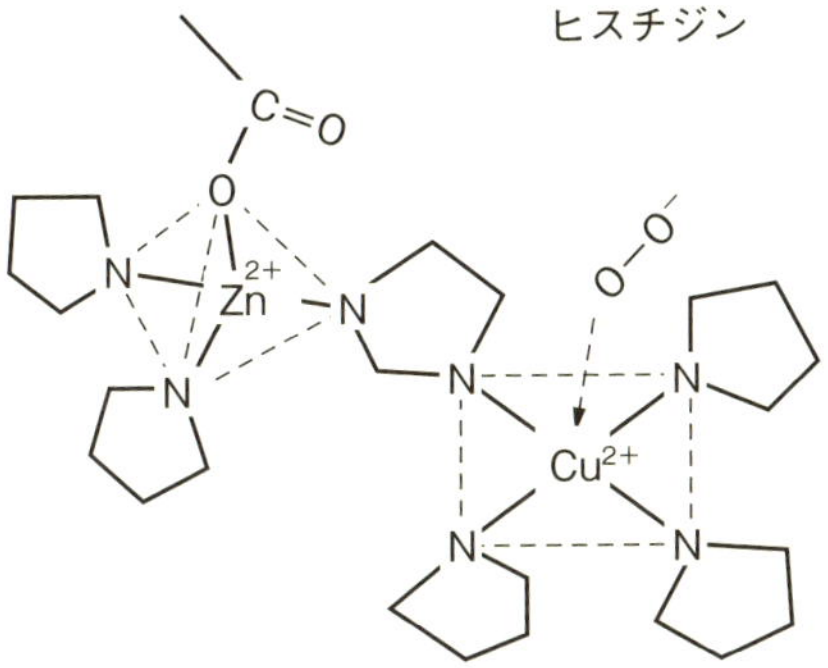

SOD活性部の概念図

カタラーゼ

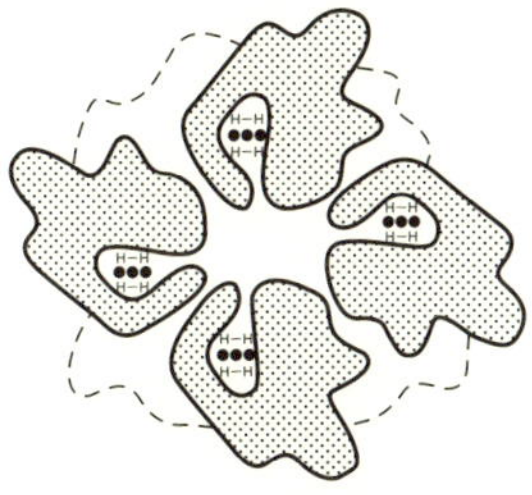

カタラーゼ概念図

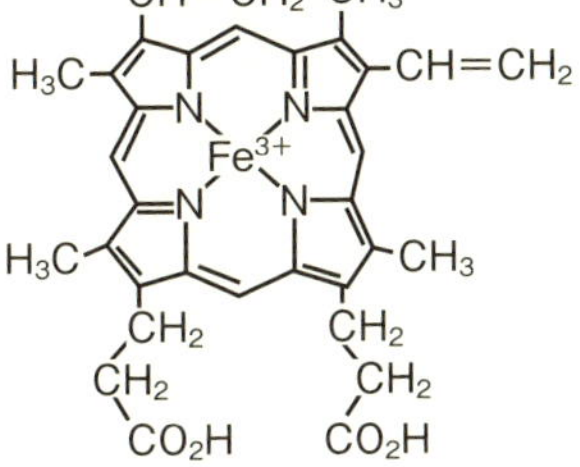

鉄ーポルフィリン錯体

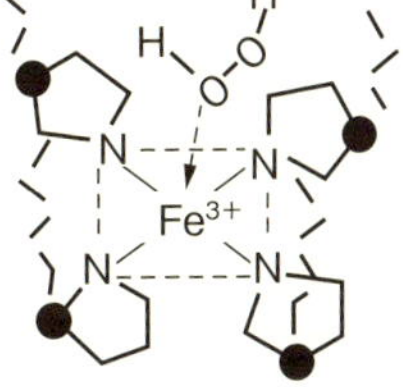

カタラーゼ活性部位の概念図
〔いくつかの塀(点線)でO^{2-}を選択〕

超酸化物イオンの分解反応

$2O_2^-$（−0.5価）＋$2H^+$ → H_2O_2（−1価）＋O_2（0価）＊＊

過酸化水素の分解反応

$2H_2O_2$（−1価）→O_2（0価）＋$2H_2O$（−2価）＊＊

＊＊）中間の原子価をもつ不安定な物質がそれより高い原子価と低い原子価の安定な物質に分解する反応を「不均化反応（disproportionation reaction）」といいます。

生体内には直接酸素に関係する酵素だけで170種余り知られています。酸化還元に関わる酵素のほとんどは金属イオンを活性点としてもっています。

SODは、内部に隣り合う銅イオンと亜鉛イオンをもつ分子量3万2000の酵素です。酵素には1つの集合体があって、それはサブユニットといいます。SODのサブユニットは1つで、ヒスチジン環で囲まれた銅イオンがプラス1価とプラス2価を行き来して超酸化物イオン（O_2^-）と反応し、その分解反応を促進します。

ここで生じた過酸化水素は、次のカタラーゼやペルオキシダーゼで無害な水と酸素に分解されるという仕組みになっています。

カタラーゼは分子量24万の巨大分子で4つのサブユニットが結合したもので、各サブユニットに1個ずつ3価の鉄イオン（Fe^{3+}）を含みます。過酸化水素はまず、このFe^{3+}をFe^{4+}に酸化して反応が進行すると考えられています。

Column

ホジキンによるビタミンB_{12}の構造決定

コバルトイオンを含むビタミンB_{12}の立体構造の決定は、1956年にイギリスの女性科学者ドロシー・ホジキンが単結晶を用いたX線回折で成功しました。研究を始めた頃はX線の回折強度は写真の濃さを目で判断し、コバルトイオン周辺の構造決定は手計算に頼っていました。ノーベル賞受賞講演では“It took him moths（数カ月）to make calculation on…”と言っています。もちろん大型コンピュータはなく、科学技術用のコンピュータ言語FORTRANができたのでさえ1956年のことです。図のビタミンB_{12}（分子量1,355）の立体構造はホジキン博士のノーベル賞講演で用いられたものです。

現在、タンパク質の構造解析は、強力なX線を発生するシンクロトロン放射光を使って分子量数万のタンパク質でも可能になっています。日本では兵庫県のSPring-8が最強です。

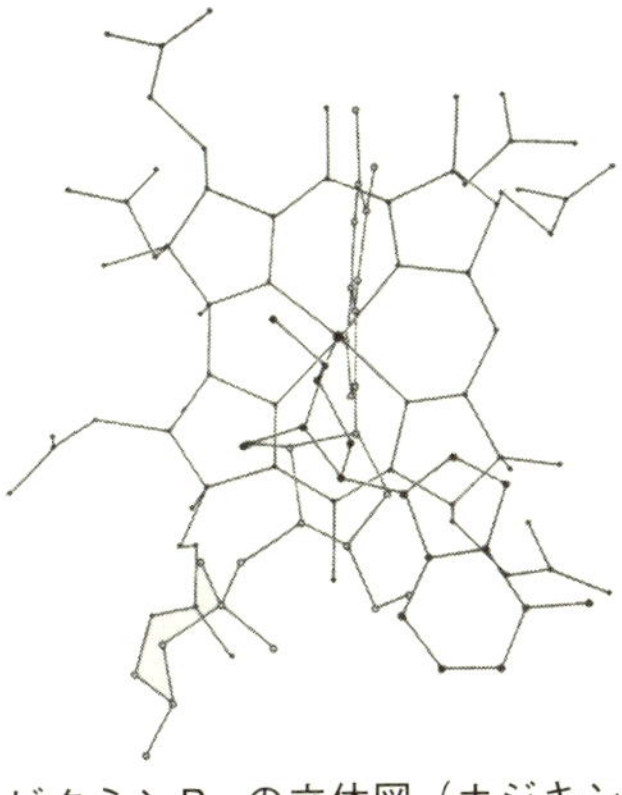

ビタミンB_{12}の立体図（ホジキンのノーベル賞講演より）

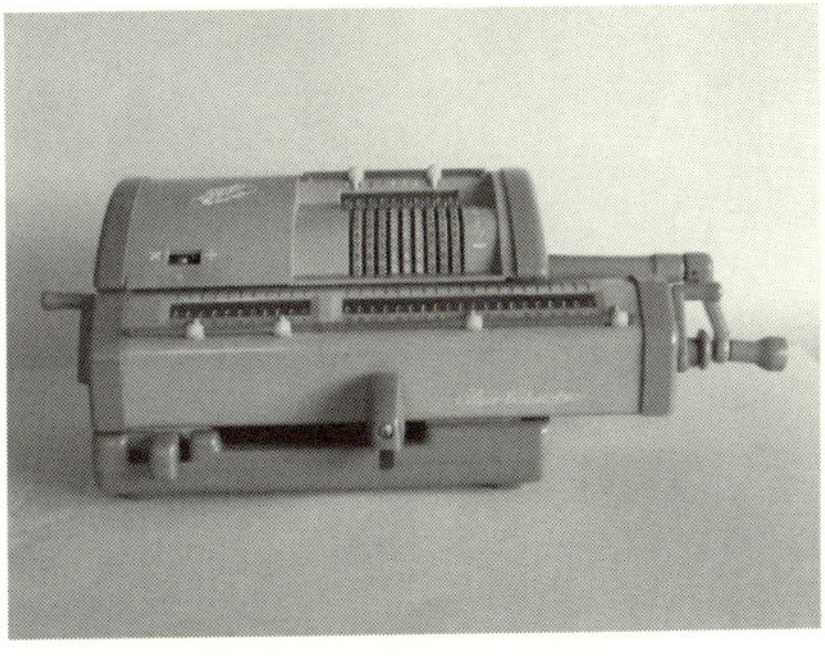

ホジキンが使ったであろう手回しタイガー計算機

31 酸素を運ぶ酵素

―呼吸のメカニズム

人間は休むことなく呼吸をして酸素を体内に取り入れて、それを体中に送って生きています。生体には呼吸した酸素を血液に乗って体中に届けるタンパク質があります。それがヘモグロビンで、この酸素を受け取って保存する役割をもつのがミオグロビンです。

ヘモグロビンは分子量が6万5000のタンパク質で、2種類のサブユニット（aとb）をそれぞれ2つずつもっていて、合計4つのサブユニットからできています。各サブユニットにはプロトポルフィリン環に固定化された二価の鉄イオン（Fe^{2+}）があって、この鉄イオンに酸素が結合し、血液中の赤血球に乗って体中に酸素を運びます。Fe^{2+}は希薄水溶液中では酸素によって速やかにFe^{3+}に酸化されてしまいますが、ヘモグロビン中では二価のまま酸素分子と結合しています。活性部位はカタラーゼと似ていますが、酸素との結合状態は全く異なっていて、O-O結合を切らないで、体内で酸素としての働きを妨げないように大切に保護しながら運搬します。

ミオグロビンはサブユニットが1のタンパク質で、Fe^{2+}を含むプロトポルフィリン環を1個もっています。ミオグロビンは筋肉組織、おもに細胞膜に存在していて、ヘモグロビンで運ばれてきた酸素を細胞内に運ぶ役割をもっています。

細胞の中に入った酸素は、細胞に含まれている小器官ミトコンドリアの中でチトクロム中のFe^{2+}を酸化してFe^{3+}にし、自分自身還元されて水になり、このとき、多量のエネルギーを放出します。ミトコンドリア内の一連の酸化・還元のほとんどは各種チトクロム内でのFe^{2+}とFe^{3+}のみに基づいた酸化・還元反応の繰り返しで、最終的な結果としてグルコースや他の

ヘモグロビンが運んだ酸素はミオグロビンを介して細胞の中に受け渡される。

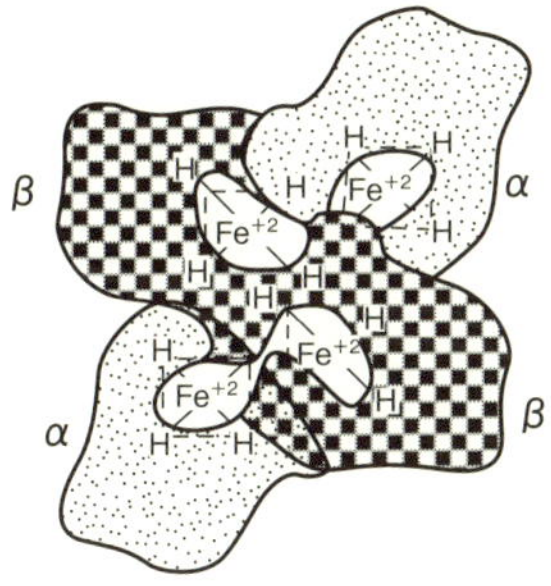

ヘモグロビン概念図

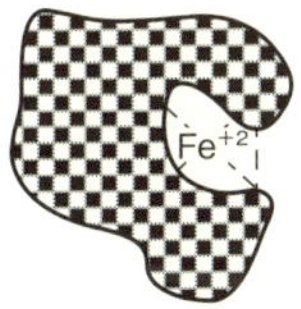

ミオグロビン概念図

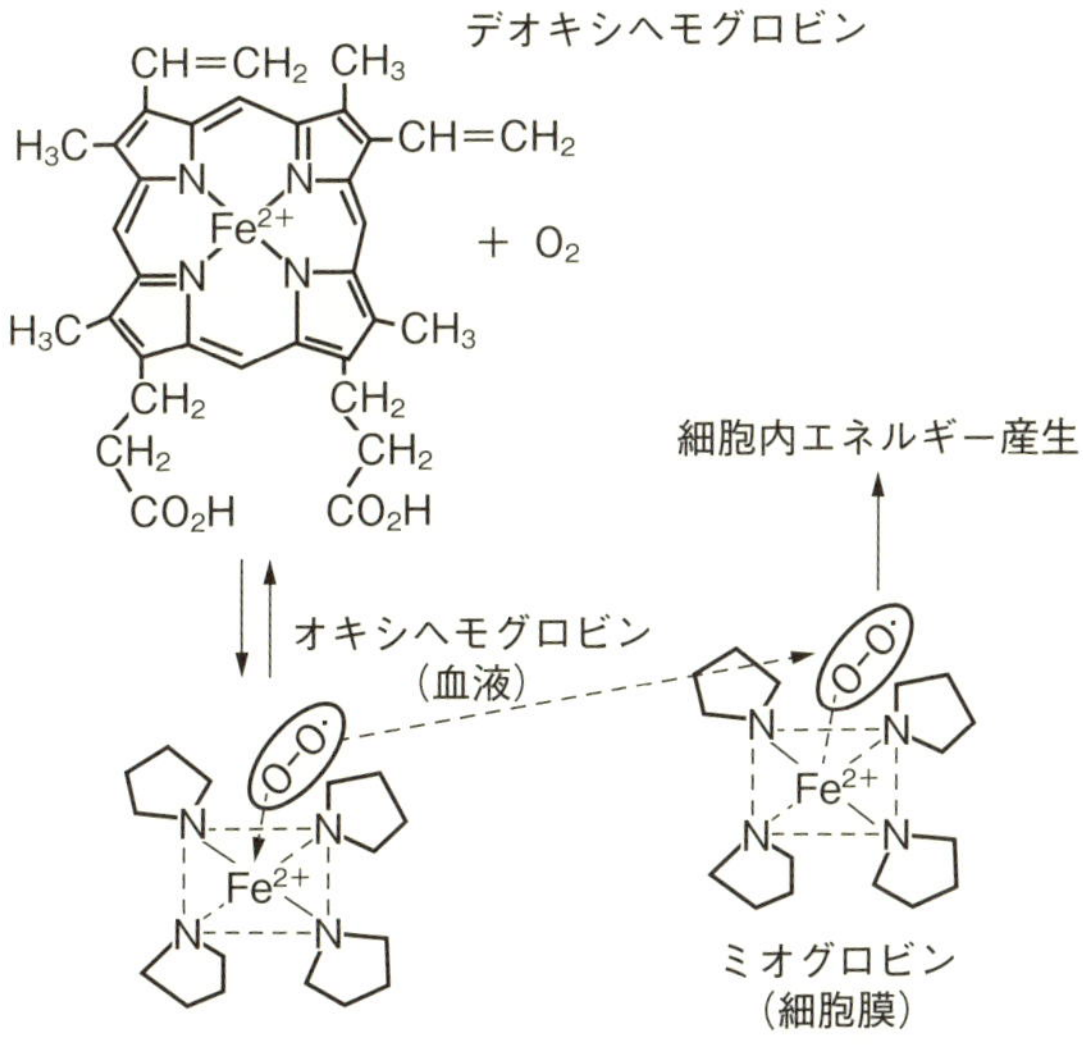

細胞内ミトコンドリアでの酸素酸化反応（電子移動）の仕組み（重要部）

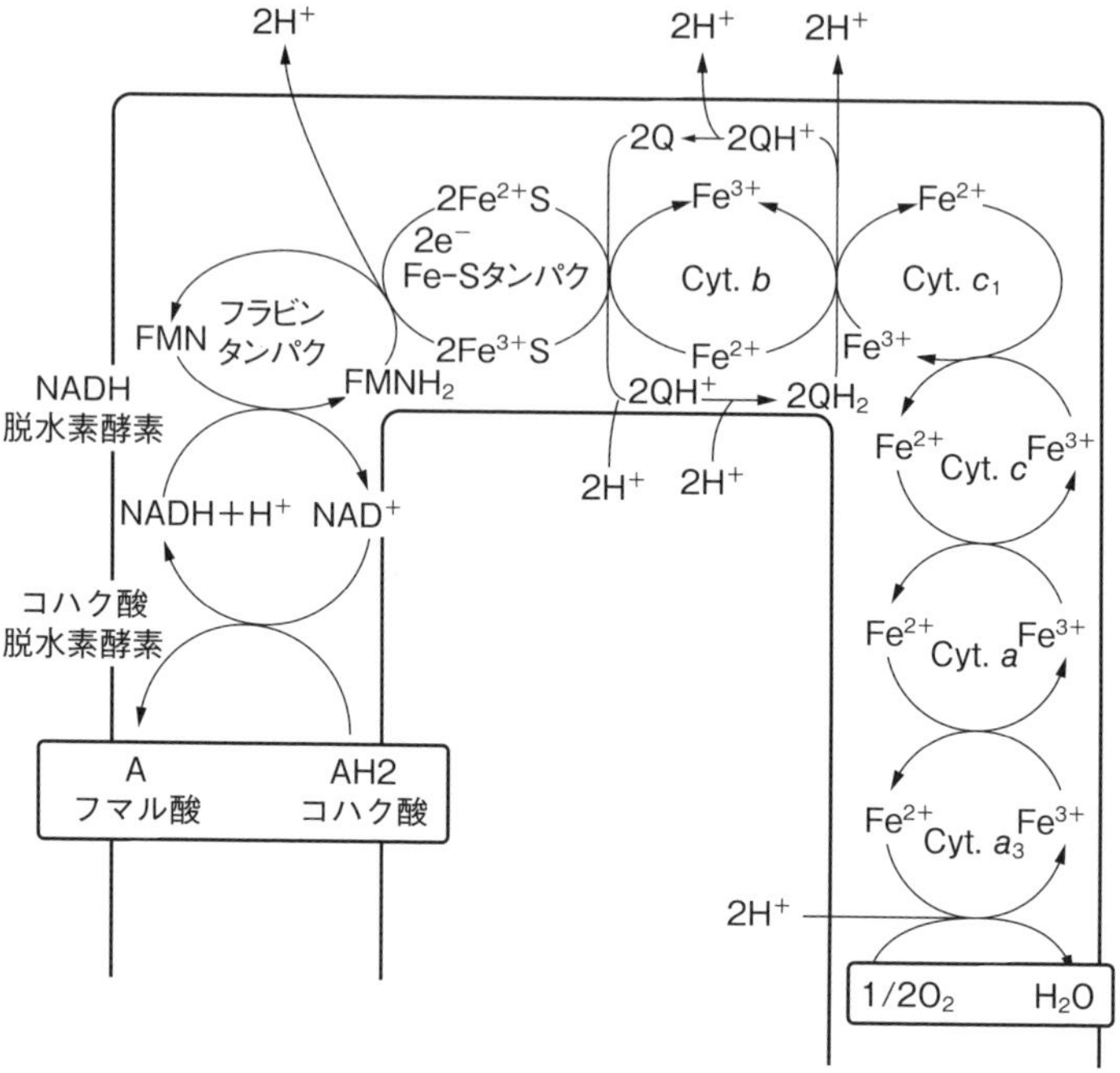

一口メモ

イオンの名称で「・・・イオン」と「・・・化物イオン」があります。前者は陽イオンに、後者は陰イオンに使います。例えばH^+は水素イオン、O^{2-}は酸化物イオン、Cl^-は塩化物イオンです。酸素イオンはO^+になります。

栄養物質を酸化して二酸化炭素を排出します。つまり、ヘモグロビンが運搬した酸素は、細胞膜にあるミオグロビンに手渡され、チトクロムのFe^{2+}を酸化し、自分自身は水となってエネルギーを発生しているというわけです。

生体内ではいろいろなエネルギー移動反応が起こっています。そして、その出発点は酸素で、中間体のスーパーオキシドや過酸化水素を経由して最終的に水になる反応のほとんどが電子移動です。つまり生体内のエネルギー移動のほとんどは電子移動であるといって良いでしょう。

Column

ポルフィリン環の2つの役割

ノーベル化学賞を受賞した白川英樹博士は、金属のように電子を通すポリアセチレンを発明しました。

左の図の炭素は1個おきに二重結合があります。これを「共役二重結合」といいます。共役二重結合では上下に伸びたπ電子が隣のπ電子と重なって雲のように広がり、電子はこの雲の上を自由に行き来できます。

ポルフィリン環の内側を向いた窒素原子には、それぞれ「非共有電子対」があり、金属イオンを安定化します。これが一つ目の働きです。二つ目の働きは金属イオンの外側に共役二重結合のリングがあることです。中心の金属イオン、例えばFe^{2+}はリングのπ電子と電子を交換して酸化・還元反応を起こし、π電子はさらに遠くの物質と電子の受け渡しをします。チトクロムc_3などは、この働きで酸化・還元反応をします。

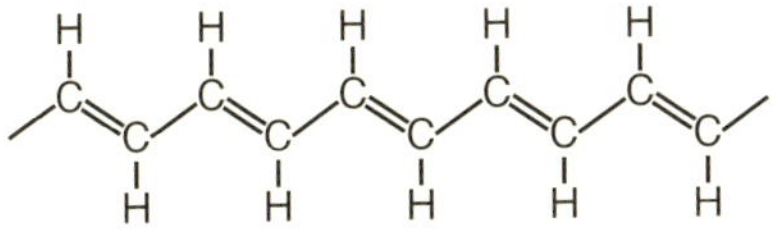

ボーア・八隅説モデル

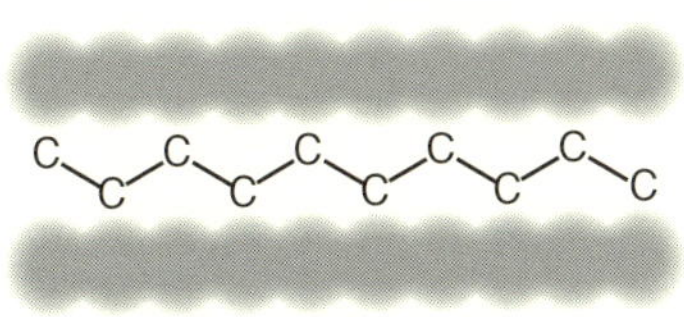

非局在（広がり）電子モデル
ポリアセチレン

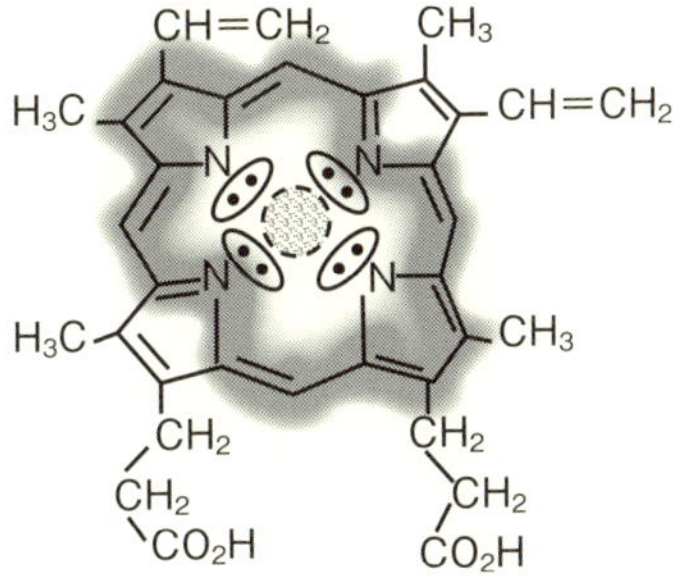

ポルフィリン環の非局在電子
（中心金属イオンの電子移動を助ける）
ポルフィリン

32 エネルギー源としての酸素
―アデノシン三リン酸と酸素

第4章では、呼吸によって運ばれた酸素が細胞の中のミトコンドリアに入ってチトクロムなどの酸化還元酵素を仲介役として電子が移動し、結果としてコハク酸を酸化してフマル酸ができる反応についての話をしました。この節では、ミトコンドリアまで運ばれた酸素がどのようにして生体内でエネルギーの産生をしているか見てみましょう。

まずエネルギー源として植物が光合成したグルコースを取り上げます。動物の体内では光合成と全く逆の反応が起こっています。呼吸で取り入れた酸素は複雑な経路をたどってグルコースを酸化し、水と二酸化炭素となってエネルギーを発生します。全体としてはグルコースの燃焼反応ですが、見方を変えると動物の燃料電池ともいえるでしょう。

ここでは、細胞内での電子移動、つまり酸化・還元反応を通してエネルギーがどのようにして生まれ、それを蓄積し、放出しているメカニズムについて詳しく見ることにしましょう。

人間が体温を約37℃に保ちつつ活動するために最低限必要なエネルギー、つまり基礎代謝量は成人1日約１６００キロカロリー（６６８８kJ）と見積もられています。一方、食事として取り入れる栄養分をグルコースと考え、それから発生する熱量（自由エネルギー：実際に利用できるエネルギー）を左頁のの反応式から計算すると、グルコース1モル（１８０g）は酸素6モルと反応して酸化され、２８２８kJのエネルギーを放出します。植物の光合成では、このエネルギーを太陽の光から吸収して二酸化炭素と酸素からグルコースを作っています。

呼吸によって酸素を取り込み、それを体中に送り込

グルコースから発生する熱量

$C_6H_{12}O_6$（グルコース） ＋ $6O_2$
→ $6CO_2$（炭酸ガス：水中） ＋ $6H_2O$（水） ＋ 2,828kJ

アデノシン三リン酸によるエネルギー産生

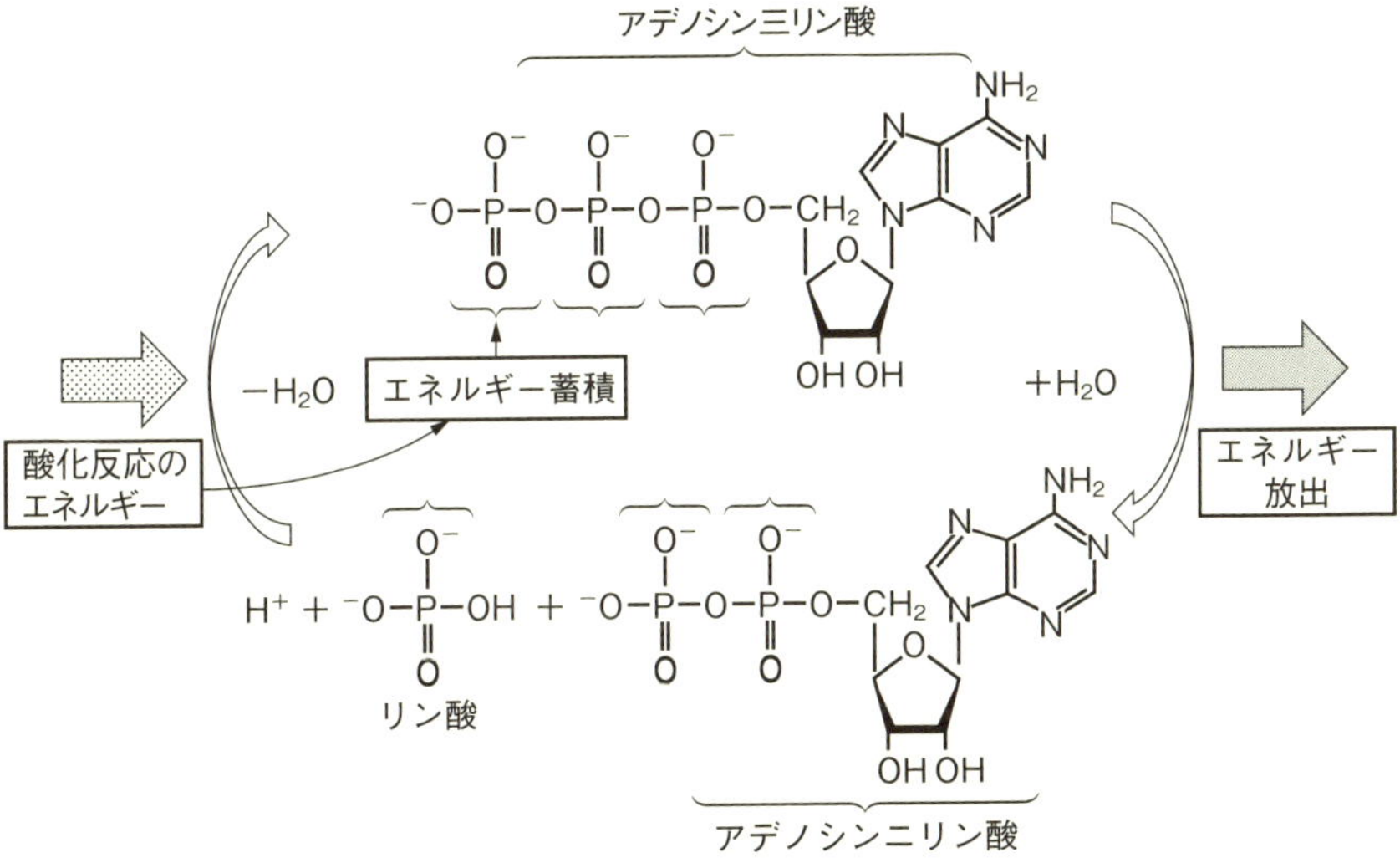

んで「燃焼」させてエネルギーを産生する経路は非常に複雑です。詳しいメカニズムをここで示すのは不可能なので大筋をかいつまんで説明します。

最も進化した人間の場合、体の中で多量のエネルギーを蓄積してそのエネルギーをくまなく体内に運ぶ物質はアデノシン三リン酸（Adenosine Triphosphate：ＡＴＰ）で、とくに筋肉細胞に多く存在しています。

高いエネルギー状態にあるＡＴＰは細胞内でグルコースの酸化（燃焼）によってアデノシン二リン酸（Adenosine Diphosphate：ＡＤＰ）から作られます。この反応によるＡＴＰのエネルギー蓄積と放出のメカニズムを見てみます。高いエネルギー状態にあるＡＴＰは水と反応してリン酸基を1つ放出し、ＡＤＰになります。このとき発生するエネルギーを筋肉など必要な部分に送り込みます。つ

ATPがADPがなるときに発生するエネルギー

$$ATP + H_2O \rightarrow ADP + H_3PO_4 + 30.6KJ$$

まり、人間のからだはＡＴＰとＡＤＰの循環サイクルで恒常的にエネルギーを作っています。

前節では呼吸鎖について説明しましたが、酸素の燃焼によってＡＴＰが産生するメカニズムは、途中までは呼吸鎖と同じで、その先にＡＴＰが産生する反応が加わります。

さて人間は１日どのぐらいのＡＴＰを使っているのでしょうか。成人男子の場合、何もせずじっとしていて生命活動を維持するために必要なエネルギー基礎代謝量はおよそ６６９０kJといわれています。一方、ＡＴＰ１モル（約５０７g）がＡＤＰになるときに発生するエネルギーは約30・６kJです。

つまり、単純計算でもＡＴＰは１日１１０kgも必要になります。このように多量のＡＴＰが体内にあるわけはありませんので、ＡＴＰ⇕ＡＤＰのサイクルがフル回転して補っていることになります。人間が呼吸をし続け、心臓が血液を送り続ける理由がおわかりになったでしょうか。

燃料のグルコースに１日の必要量を計算してみましょう。グルコース１モル（１８０g）から発生するエネルギーは２８２８kJで、基礎代謝量は６６９０kJですので、これをグルコースの質量に換算すると４２６gに過ぎません。しかし、口から入れたグルコースを吸収して燃焼する効率は１００％というわけにいきませんので、これより多くの食物を摂取する必要があるのでしょう。

ＡＴＰ⇕ＡＤＰのサイクルをもう少し詳しく見てみます。ＡＤＰからＡＴＰが産生する反応には、その先に水素イオン（H^+）とニコチンアミドーアデニンージヌクレオチド（Nicotinamide Adenine Dinucleotide：ＮＡＤ）が関係する酸化・還元系が加わります。ＮＡ

ATPの産生を助けるNAD

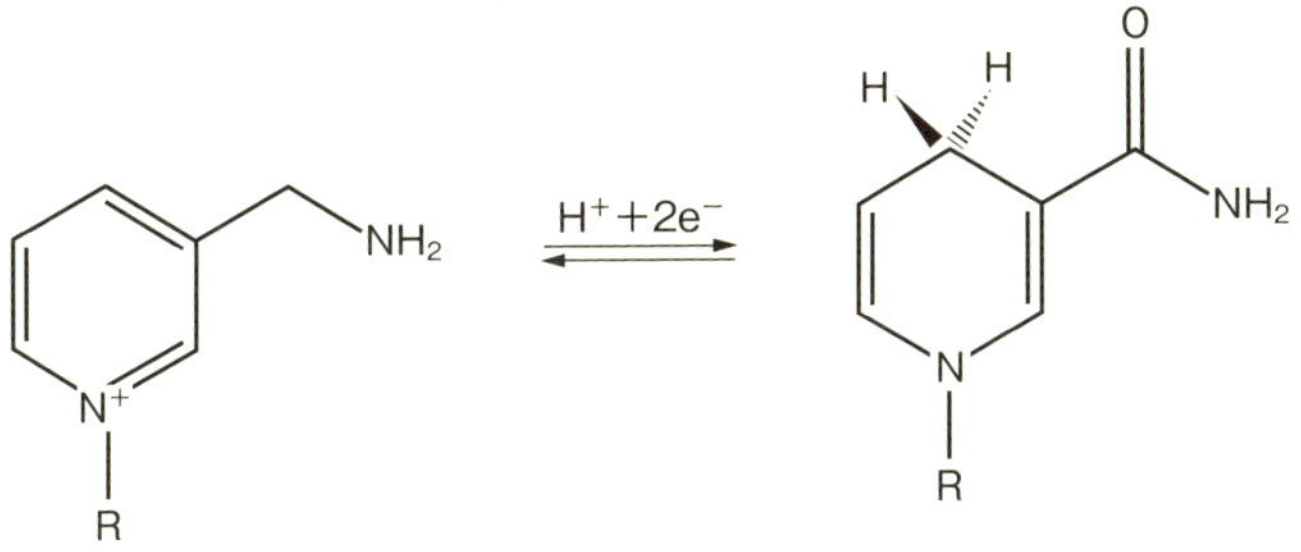

NAD（酸化型）　　NADH（還元型）

Dは複雑な分子なので、電子移動に関わる部分だけを抜き出して図示します（Rが複雑な部分を表しています）。

この反応で消費する水素イオン（H$^+$：プロトンともいう）は、特殊なタンパク質を通して細胞膜を移動します。そして水素イオン（プロトン）の濃度を一定に保つためにもエネルギーを消費します。エネルギーを使って細胞膜の内外で水素イオンの出し入れを行うメカニズムを「プロトンポンプ」といいます。

生体内での酸化・還元反応では至る所で水素イオンが関わってきます。本章でも各所に出てくるATP、NADH、NADPHなどの重要な酵素はその典型的な例です。

体内での各種反応を恒常的に維持するために人間の体では体液のpH（水素イオン濃度の指標）を一定に保つことが生命の維持に極めて重要なことです。実際、人間の血液のpHは7・4付近で非常に厳密にコントロールされエネルギーを消費しています。

ミトコンドリアの細胞膜には水素イオンの通り道（関所）をもっているタンパク質が入り込んでいて、

細胞内の酸素が引き金による酸化・還元反応

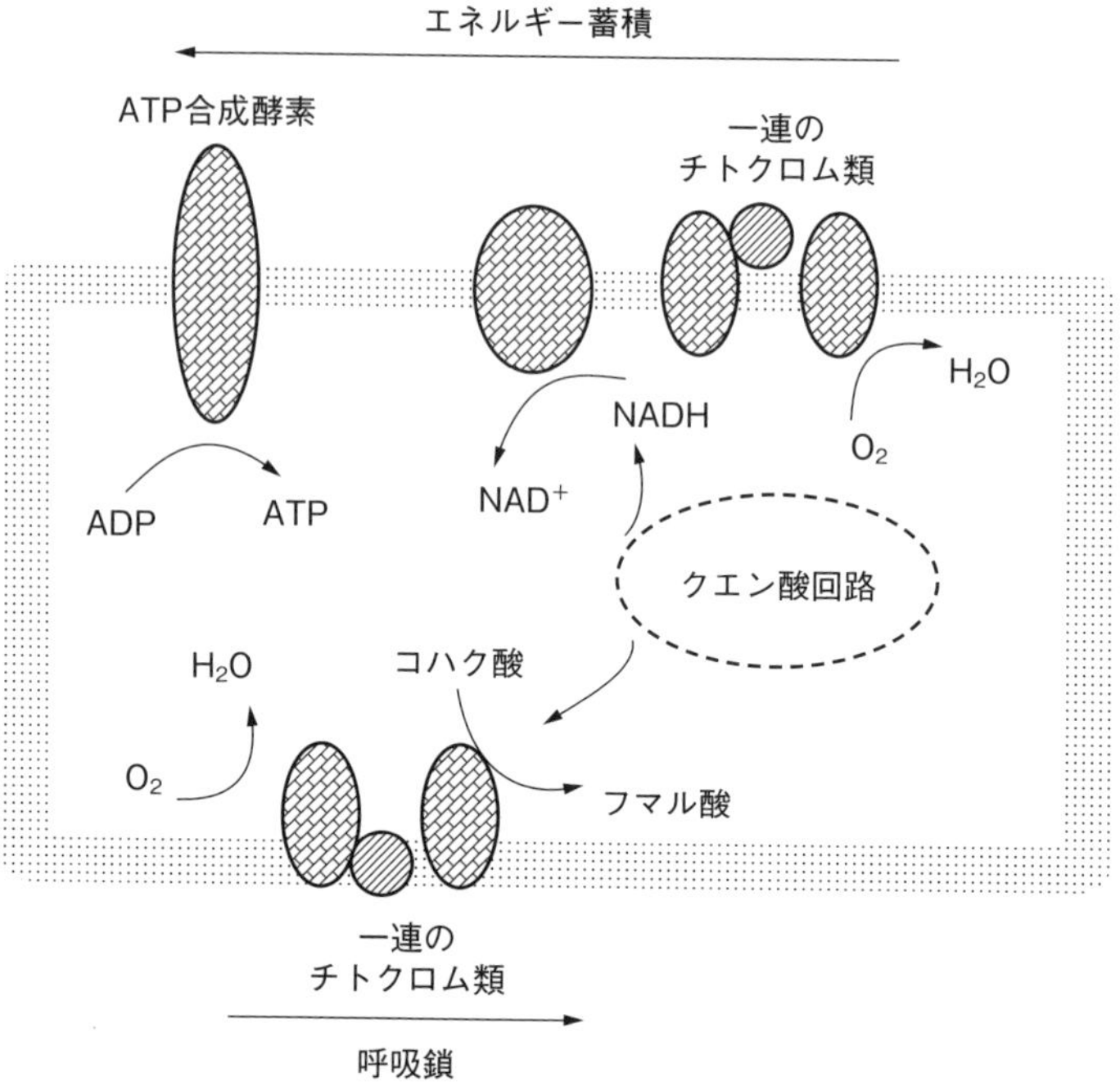

水素イオンが関係している反応をコントロールするプロトンポンプがあります。生体の機能を維持するためにはナトリウムイオン（Na^+）やカリウムイオン（K^+）などの濃度を一定にすることも必要で、これらのイオンを選択的に通すタンパク質も細胞膜に埋め込まれています。

これらのイオンが薄い方から濃い方へ移動する自然の流れに逆らう過程にはエネルギーが必要で、その過程を特に「能動輸送」と名付けています。

呼吸鎖も含めた全体の様子を上の図に示します。鉄-ポルフィリン環をもつ一連の酵素の電子伝達系は図で示したように詳しく研究されています。酸素分子の反応は簡単すぎて生化学者にはあまり注目されていないようです。しかし、本書のテーマである酸素の還元反応は熱（エネルギー）を産生する原点だということを改めて覚えておいていただきたいものです。

Column

使えるエネルギーと消えるエネルギー
—エントロピーをマスターしよう

エネルギーには「熱になるエネルギー」と「熱にならないエネルギー」があります。酸素と水素の燃料電池を見てみます。

$$2H_2 \quad + \quad O_2 \quad = \quad 2H_2O$$

この反応から出る熱（エンタルピー：ΔH）は572kJです。燃料電池で取り出せるエネルギーは474kJで、この外部に取り出せるエネルギーのことを「自由エネルギー（記号ΔG）」といいます。ΔHとΔGの差98kJはエントロピー（S）と温度（T：単位はケルビン）の積で決まり、外部に取り出して利用することができないエネルギーです。エントロピーは世の中では乱雑さとか情報量として扱われます。

化学でエントロピーは濃度として現れます。神経細胞では細胞膜の外のナトリウムイオン（Na^+）は細胞内部の方が20倍高く保たれています。細胞膜の両側には外側が＋の約70mVの電位差があって、Na^+は電場と濃度差の力で細胞内部でどんどん増えていってしまいます。このためミトコンドリアではATPのエネルギーやNADHの働きでNa^+を細胞膜の外へ運び出す働きがあります。そのイオンの通路を「イオンチャンネル」、濃度差に逆らって強制的にNa^+を運び出すことを「能動輸送」といいます。生体ってほんとに複雑ですね。

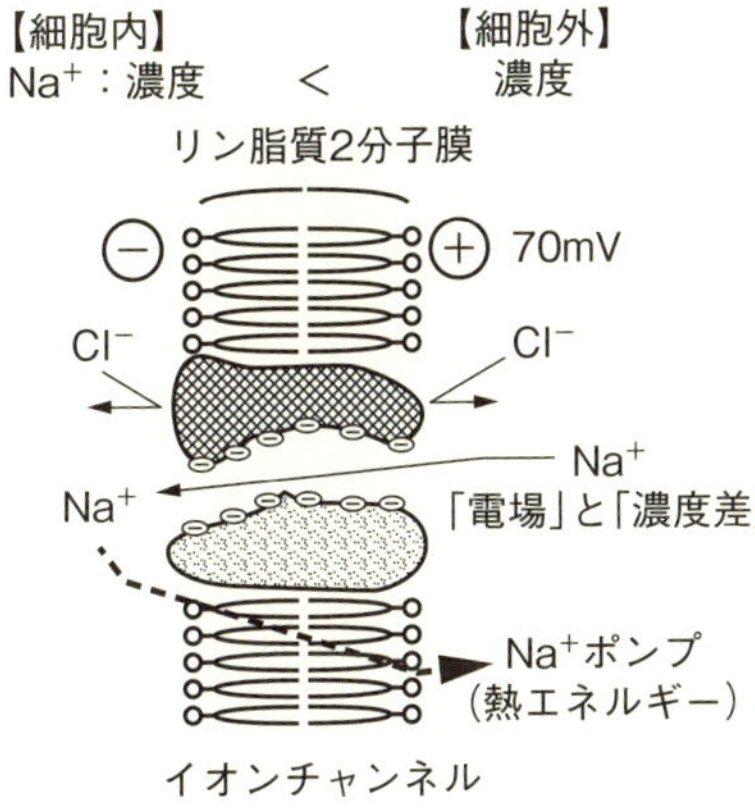

33

活性酸素とセレン欠乏症

—有毒元素の効能・必須微量元素

年配の方だったらヒ素中毒をご存知でしょう。粉ミルクを飲んだ乳児に起きた事件です。

ところで、生体金属の本を読むと次のような言葉に出会います。それは「必須微量元素」です。人間の他いろいろな生物が地球上にいますが、それらを形作る物質の元となる元素は、炭素、窒素、酸素、そして骨の主成分であるカルシウムなどです。

ところが、生体の各種機能を調べる「生化学」が進歩するにしたがって、わずかな量の物質が生体の機能を制御していることが明らかになってきました。その一つが「酵素」で、多くは金属イオンを含んでいます。先駆的な酵素はビタミンB_{12}やインシュリンで、ホジキンはX線回折を使ってその構造解析に成功、1964年にノーベル化学賞を受賞しています。

ビタミンB_{12}の化学構造のポルフィリン類似骨格の中心にはコバルトイオンがあります。しかし、コバルトイオンは生体の構成に主要な元素ではありません。

このように微量で機能を発揮し人体が正常な機能を維持するために必要な元素を必須微量元素といいます。酵素に含まれる銅、亜鉛、マンガンなどですが、それに加えて「有毒」といわれているヒ素やセレンもあります。これら必須微量元素の摂取量と人体への影響を左頁の上の図に示します。セレンを例にとると、多量の場合には当然有毒ですが、ある程度より低くなると逆に生命維持に不具合が生じます。つまり、有毒元素でも体内での濃度が減ると逆に障害を起こすのです。

現在、必須微量元素として約15種類程度知られていますが、今後研究が進むにつれて、さらにその種類は増えると見込まれています。水銀やカドミウムもその中に含まれるかも知れません。

セレンについて詳しく説明しましょう。生体は、その機能を発揮するために活性酸素を必要としています。しかし、増えすぎると「炎症」、「がん」、「動脈硬化」などを引き起こし、結果として老化に通じます。活性酸素が増えすぎて起こる現象を「酸化ストレス」といいます。セレンは増えすぎた活性酸素を消去する働きがあります。そこで、セレンが不足すると酸化ストレスが起こり、これをセレン欠乏症といいます。

亜鉛も人間にとって重要な必須微量元素です。亜鉛も不足すると味覚障害など多くの亜鉛欠乏症が起こります。

必須微量元素の摂取量と人体への影響

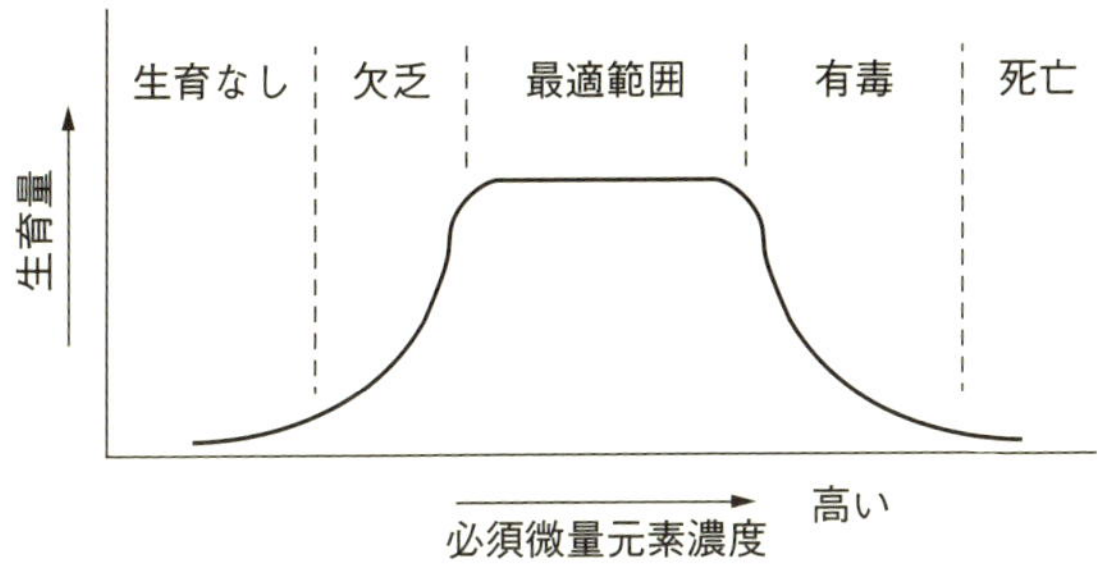

酸化ストレスの例

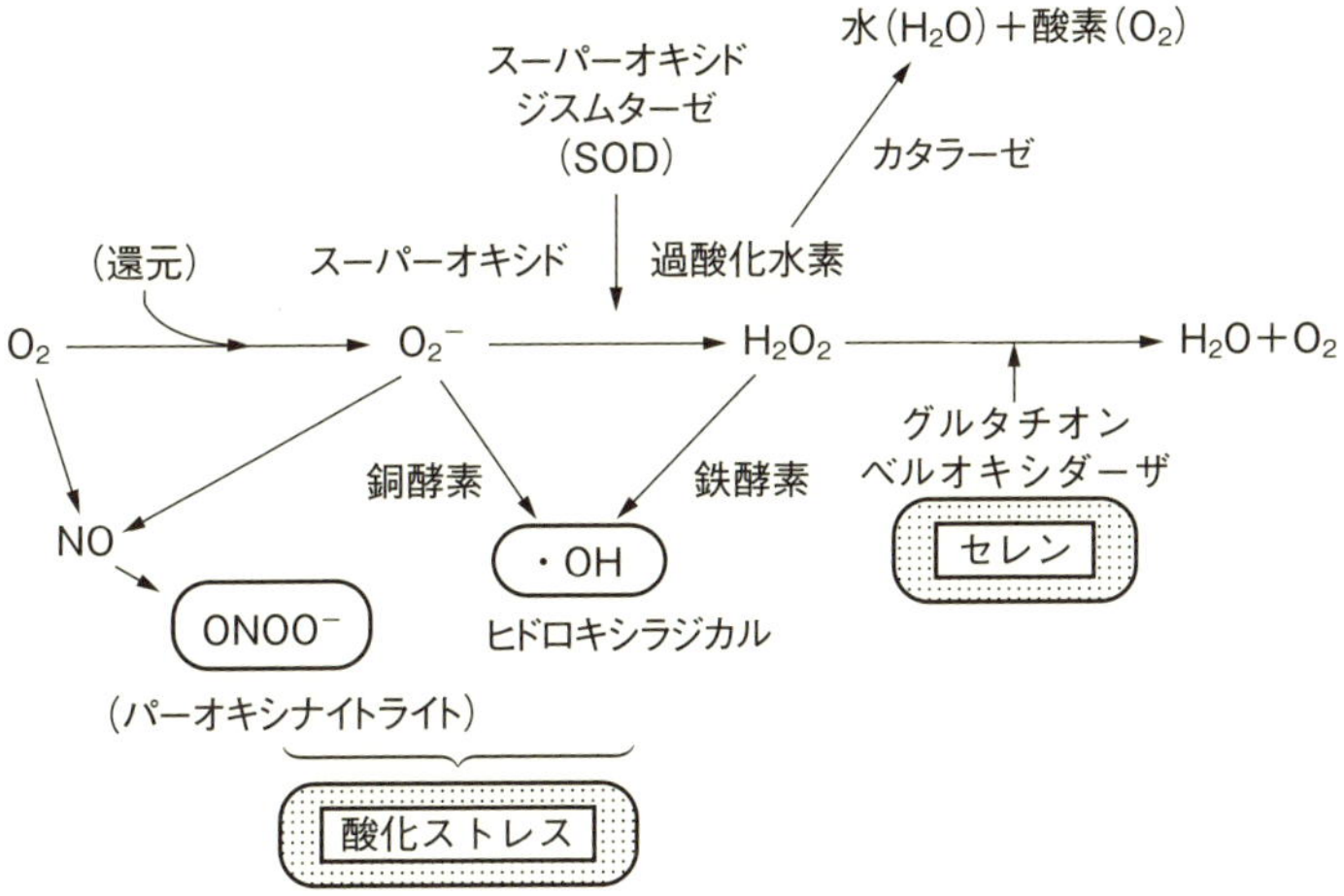

34 酵素の中を電子が流れる?
―チトクロムの仲間とＮＯＳ

酵素は酵素の活性部位に結合して相手と直接接触して電子を受け取り、その物質を酸化すると考えられてきました。ところが、巨大な酵素分子の内部の研究が進んで、どうやら酵素の中では遠くまで電子自体が流れて酸化・還元反応が起こっていることが明らかになってきました。

電池では、酸素と遠く離れた場所（反対側の電極）で相手から電子を受け取り（酸化）、酸素は金属の導線を通ってきた電子を自分側の電極で受け取って還元されます。

生体内でも酸素の酸化反応（相手から電子を受け取る）が電池と同じように酸素と離れた場所で起こっている現象が明らかになってきました。あたかも導線のように電子を流し、離れた場所で酸化反応と還元反応を起こす酵素が見つかってきました。その一つはＮＡＤＰＨという物質の酸化を助けるチトクロムＰ−４５０（通称ＣＹＰ）という酵素です。

実際、チトクロムの仲間で１つのサブユニットに４

P-450によるNADPHの酸化学反応

$NADPH + O_2 + RH + H^+ \rightarrow NADP^+ + H_2O + ROH$

R：炭素化水素といわれる官能基。

$O_2 + 4H^+ + 4e^- \rightarrow 2H_2O$（還元領域）

$NADPH + RH + H_2O - 4e^-$

$\rightarrow NADP^+ + ROH + 3H^+$（酸化領域）

つのヘムをもつチトクロム c_3 の電極での反応などを調べた結果、分子の中で電子が高速で流れていることが明らかにされています（仁木、他：「応用物理」58巻、1069〜1074頁）。

一方、1990年代には、生体内で一酸化窒素を産生する酵素、一酸化窒素合成酵素（NOS）が発見されました。この酵素は3種類見つかっていて、そのうちの1つの構造を下の図に示します（P-450と似ています）。この酵素には鉄ポルフィリン環を含む酸化領域と、NADPHを酸化する還元領域（FMNが還元される）があり、両者の間で電子が流れると考えられています。詳しい働きはまだわかっていませんが、電子の移動を仲介する分子量約1万7000の酵素をカルモジュリンといって、活性中心にカルシウムイオンを含んでいます。ここではカルシウムイオンは微量金属として働いています。体全体としては常量元素なのに不思議ですね。

チトクロム C_3

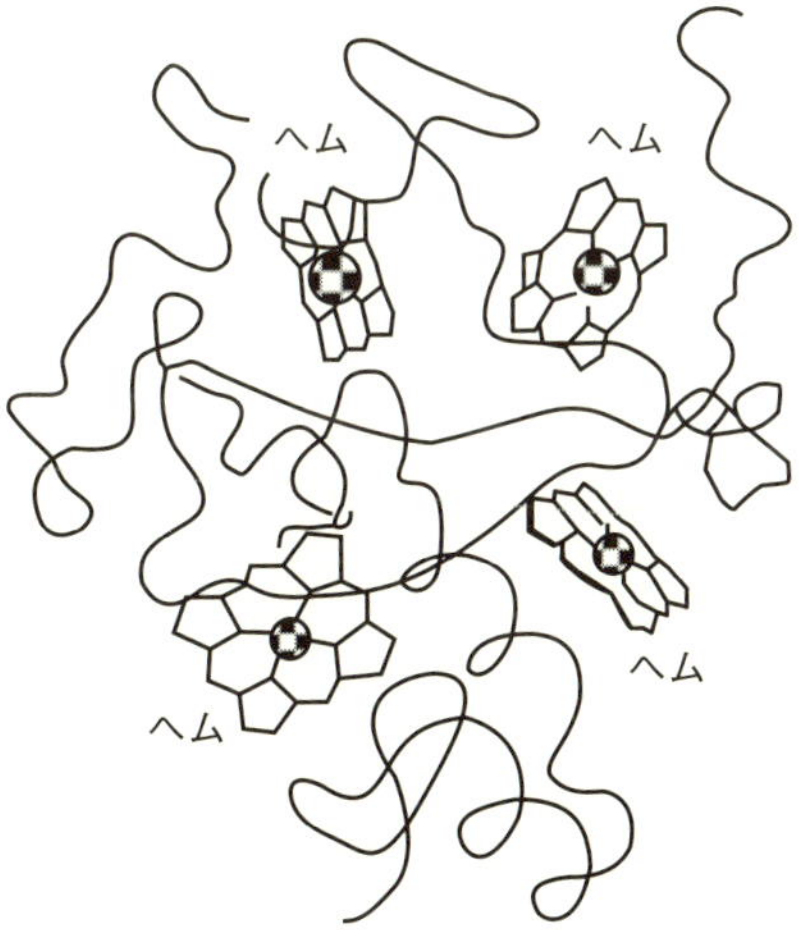

NOSの構造

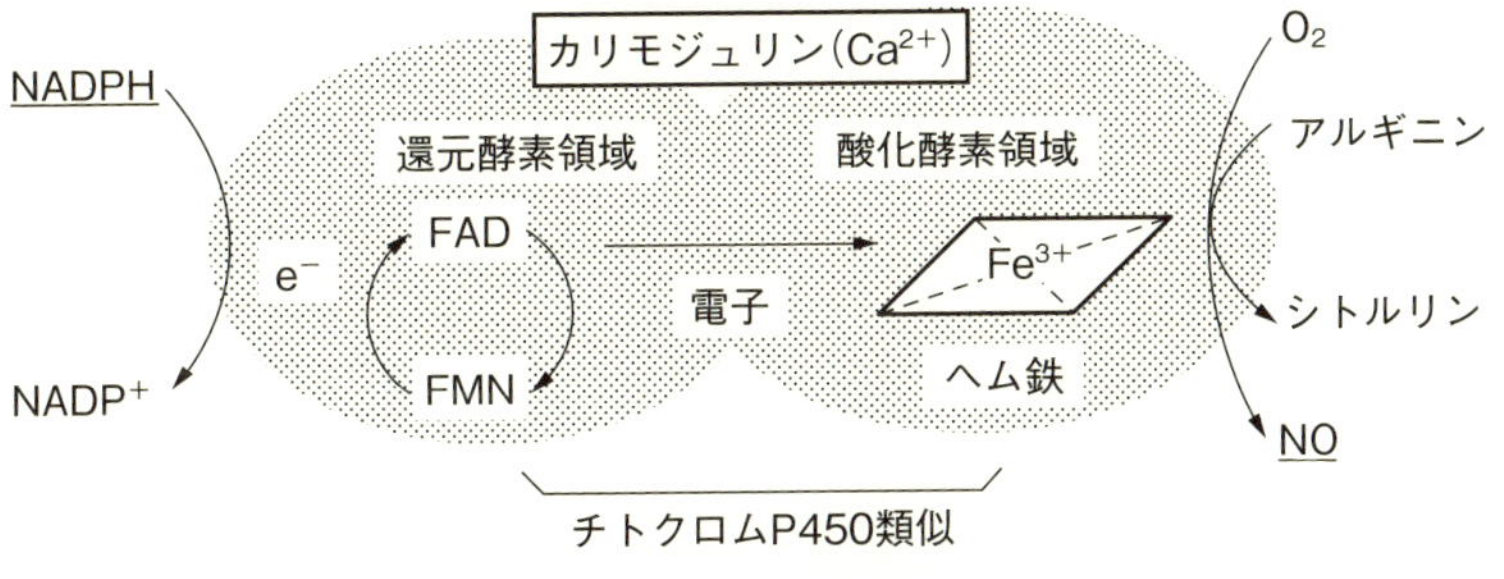

Column

NOと医療

動物は酸素を呼吸すると体内に活性酸素ができて機能を発揮します。1990年代に一酸化窒素合成酵素（NOS）が発見されました。NOはもう一つの活性酸素O_2^-と反応してパーオキシナイトライトイオン（$ONOO^-$）を生じて生体に作用します。

現在、次のようなプラスやマイナスの機能が提唱されています(現在研究中であることを忘れずに)。

①脳神経との作用：神経伝達物質の放出制御や神経細胞阻害。

②血管系：血管弛緩因子、血圧や血流調整、心臓への効果。

③発がん作用：腫瘍細胞の増殖抑制や免疫力の向上。$ONOO^-$による細胞障害。

一酸化窒素（NO）は必須微量元素と同様に、多ければ有毒、少なければ欠乏症を引き起こします。バランスの良い食事を取ることが肝要です。

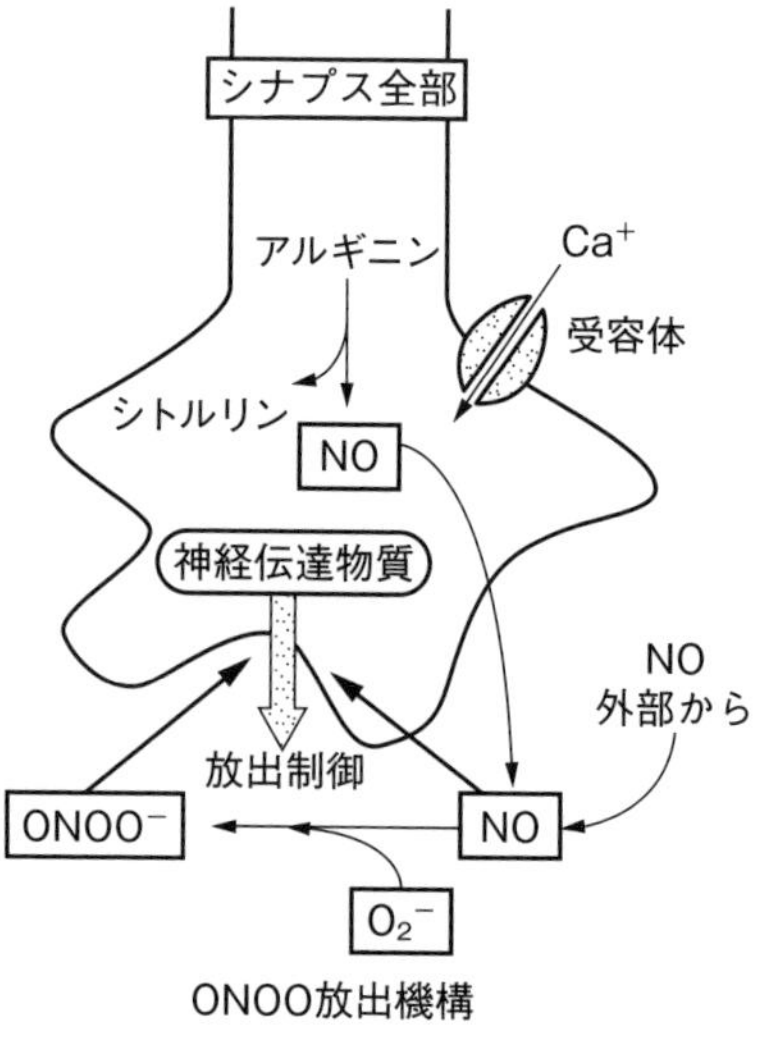

ONOO放出機構

ま行

ら行

英字

た行

な行

は行

索　引

あ行

か行

さ行

●著者略歴

神崎　愷(かんざき　やすし)

1942年、神川県厚木市(愛甲郡南毛利村)生まれ。
神奈川県立厚木高校、横浜国立大学、東京工業大学大学院(卒業、修了)。
青山学院大学理工学部化学科実験講師、東京工業大学理学部化学科助手、昭和薬科大学薬学部助教授、教授(2009年退職)。青山学院大学客員研究員・非常勤講師、国立東京工業高等専門学校非常勤講師、神奈川工科大学非常勤講師、東京学芸大学非常勤講師などを歴任。
現在、神奈川工科大学客員研究員
著書：「おもしろサイエンス　水の科学」(日刊工業新聞社)
専門：電気化学、イオン交換、分析化学
著書：「おもしろサイエンス　水の科学」(日刊工業新聞社)
「最先端イオン交換技術のすべて」(工業調査会)(監修)
「トコトンやさしい　イオン交換の本」(日刊工業新聞社)(共著)
「セシウムをどうする：福島原発事故、除染のための基礎知識」(日刊工業新聞社)(共著)
「水のふしぎ」(山文社)
「化学平衡と分析化学」(廣川書店)(共著)
「薬学生のための分析化学」(廣川書店)(共著)
「薬学テキストシリーズ　分析化学Ⅰ」(東京書籍)共著
「NEW 薬学機器分析」(廣川書店)(共著)
「演習を中心とした薬学生の分析化学」(廣川書店)(共著)

NDC 435.43

おもしろサイエンス **酸素の科学**

2014年 4 月21日 初版1刷発行　　定価はカバーに表示してあります。

ⓒ著者　神崎　愷
発行者　井水治博
発行所　日刊工業新聞社　〒103-8548 東京都中央区日本橋小網町14番1号
書籍編集部　電話03-5644-7490
販売・管理部　電話03-5644-7410　FAX 03-5644-7400
URL　http://pub.nikkan.co.jp/
e-mail　info@media.nikkan.co.jp
振替口座　00190-2-186076

印刷・製本　美研プリンティング㈱

2014 Printed in Japan　落丁・乱丁本はお取り替えいたします。
ISBN　978-4-526-07239-0